你是我不被原谅的坚强

和颜爱语 编著

中国華僑出版社

图书在版编目（CIP）数据

你是我不被原谅的坚强 / 和颜爱语编著. —北京：中国华侨出版社，2016. 3

ISBN 978-7-5113-5989-6

Ⅰ. ①你… Ⅱ. ①和… Ⅲ. ①成功心理—通俗读物 Ⅳ. ①B848. 4-49

中国版本图书馆 CIP 数据核字（2016）第 039795 号

你是我不被原谅的坚强

编　　著／和颜爱语
策划编辑／邓学之
责任编辑／叶　子
责任校对／高晓华
封面设计／一个人 · 设计
经　　销／新华书店
开　　本／710 毫米 ×1000 毫米　1/16　印张/16　字数/182 千字
印　　刷／北京中印联印务有限公司
版　　次／2016 年 6 月第 1 版　2016 年 6 月第 1 次印刷
书　　号／ISBN 978-7-5113-5989-6
定　　价／30. 00 元

中国华侨出版社　北京市朝阳区静安里 26 号通成达大厦 3 层　邮编：100028
法律顾问：陈鹰律师事务所
编辑部：（010）64443056　64443979
发行部：（010）64443051　传真：（010）64439708
网　址：www. oveaschin. com
E - mail：oveaschin@sina. com

自序

你是我不被原谅的坚强

当敲下最后一个字时，也意味着我的使命完成。在这本书里，我写了迷茫、裹足不前、自卑、热爱旅行、不再相信爱情的他们，也对有些人进行了采访，还对个别处在低迷期的他们进行安慰和精神鼓励。相亲很多次而备受打击的人们；因长相不佳而被单位拒绝的人们；领取了结婚证而未结成婚的人们；所有的薪水都投资在旅行上的人们……

这本书的主题到底是什么？

它要教你做一个勇敢、笃定、隐忍、坚强、静默的人。世事再无常，你也要学会淡然、放下，祝福别人也祝福自己，要拥有成就感和快乐。

每个人的身体里都隐藏着一种魔力，这种魔力就是自身的闪光点。你以为你的主要职责是生存，其实，你最重要的职责就是让自己闪亮起来，像灯一样照耀自己所要走的路。有些路终究要你一个人去走，只有走过黑暗，才能迎来光明。

你值得拥有更好的东西，你配得上所有的优秀，你应该去过你想要的生活。你的梦想、你的信仰、你的温暖、你的坚定，你都不能遗弃。你要携带着它们走得更远，千山万水、天涯海角都要走遍。

你不属于任何人，你只属于你自己。当你足够好时，自然会遇到更好的东西。

你为了梦想，牺牲掉闲暇的时间，一点一滴地打基础。

你为了生活，兼职四五份工作，累死累活，双手浸满汗水。

你为了工作，加班加点，从不抱怨。

你为了想要的生活，把自己剁成三个自己在使用。你没有逛商场的时间，你没有约会的时间，你没有聚餐的时间，你更没有睡懒觉的时间。

最后的最后，你终于成长起来。你拥有了想要的生活，你实现了年少的梦想，信仰一直跟随着你，工作视你为老伴。你在残酷无情的社会里给自己杀出一条血路，江湖上的各路英雄豪杰均向你看齐。

回想这些年的努力，回想这些年走过的路，回想这些年的记忆。你终于泪流不止，满心欢喜。你也相信，所有的努力终会取得回报，所有的失去，都会以另一种形式回归。

总会有个人心疼你的坚强，欣赏你的独立，你会成为他不被原谅的坚强。也许他的迟到令你吃了苦、受了累，今生今世他会记着你坚强的样子。

对不起，这些年你委屈了自己；对不起，这些年你一直努力向前从而忘记了好好爱自己。从现在开始，你要学着好好爱自己，温暖自己，鼓励自己，保护自己，像对待婴儿一样宠自己。

感谢你这些年的付出，感谢你这些年的拼搏，感谢你这些年的跌跌撞撞，感谢那些伤害你的人，感谢那些带给你温暖的人。因为有了这些年的付出、拼搏、跌跌撞撞，你才成为了今天最优秀的自己，拥有了最精致的生活和最喜爱的工作。因为有了那些伤害你的人，你才学会坚强，拥有了更强大的内心。

你热泪盈眶，你无比欢喜，你要感谢自己。没有你曾经的努力，没有你曾经的拼搏，你根本不会成为那个令你骄傲的自己，你活成了自己的传奇。

很荣幸，你邂逅了自己，你终究成为自己不被原谅的坚强。

和颜爱语 2015 年 11 月

目录

第三章　拥有梦想的你，将来必将了不起

第四章　青春就是为你实现梦想准备的

第七章　和过去和解，你才有足够的空间去拥抱未来

第八章　你内心强大了，所有困难都会向你敬礼

第九章　你要坚信，每一天的太阳都是崭新的

第十章　你配得上拥有世界上的一切美好

第十一章　你的坚持，必将敲破挡在成功面前的那堵墙

第十二章　你自己选择的路，跪着也要把它走完

第十五章　努力地过好每一天，你的梦想终将会实现

第一章

世界那么大，总有一个舞台适合你

每个人都有自己的长处，每个人都能找到适合自己的岗位。三百六十行，行行出状元，你没必要因为某方面暂时不如人意就灰心丧气，你必须足够自信，相信自己能找到适合自己的位置，相信通过努力能彰显你独特的人生价值。

1. 有了坚强的信念，你必将能找到自己的舞台

生活，总有那么一段时间感觉全世界都在跟自己作对，越想好好做事实现理想，却越发被欺骗和戏弄。

小杜从小家境贫寒，但他有可贵的坚强和毅力。那年，他借了朋友八百块钱，准备南下跟另一个朋友合伙做一番事业。

满心期待，打算大干一场的时候，他才发现，自己被朋友忽悠进了传销组织，万万没想到的是，搭救自己出来的朋友却将自己送进了另一个传销组织。

终于逃出困境，可口袋却空空如也，还欠了几百块钱外债，那个年代，几百块可是一个月的工资呢！

他坚信，世界那么大，一定能找到适合自己的舞台，挫折不可能永远挥之不去，而坚强面对，是驱除坏运气的速效丸，从此，他戒掉浮躁和痴心妄想，开始踏踏实实地做事，积极努力地学习。

年轻人想要在大城市生存，必须得懂电脑，初中毕业的他，只能等攒够钱了再去学习。而当时最要紧的是维持生存，于是，他找了一份服务员的工作。没钱读学习班，那就先多看书，一有闲暇时光，他就跑书

店和图书馆，后来终于攒了一些钱的时候，他就报了电脑设计学习班。从此以后，他像着了魔一样爱上了做设计，别人玩游戏喝酒侃大山的时候，他只对着电脑乐此不疲；别人花前月下的时候，他还是对着电脑细细推敲。他说，学什么就得像什么，做什么就得尽全力做好，随着技术的日渐娴熟，他成功地应聘到了一家广告公司。

从服务员到广告设计，小杜终于找到了属于自己的舞台，接下来的几年时间里，他更是如饥似渴地徜徉在工作和知识的海洋，为了更好地呈现创意理念，他广泛涉猎天文地理各类知识，而对于有着坚强信念的他而言，这只是个开始。

几年后，小杜开始创办自己的广告公司，他要为自己打造一个实现理想的舞台。攀登理想的路途总是充满坎坷和挑战，特别是对自己身心的考验。第一年，公司一项业务也没有，小杜四处喝酒谈业务，却总是没有结果，而每个月和房租和工资成本照样得支出，万般无奈之下，他不得不辞退了所有员工，直到一年后，谈下第一项业务之后，公司才算步入了正轨。每一个客户的信任都来之不易，高度的责任感让小杜总是力求完美、精益求精，曾经为了一个宣传片的制作与剪辑，他连续5天不眠不休地加班，最后交片子的那天，他竟累得吐血了。

付出总会有回报，苦心经营总会换来硕果累累。一路走来，小杜始终抱着坚定的信念，相信通过坚持和努力，就能改变困境，改变命运，而他也确实通过自己的努力，从一个初中毕业的农村小伙发展到了一个文化影视界知名的制片人，他不仅为自己创造了一个舞台，还为他人提供了一个施展抱负的舞台。

每个人都有那么一段不为人知、默默无闻的日子，在那样的日子里，仿佛失去了生活的意义，仿佛看不到未来，仿佛没有特别值得高兴的事情，可是如果你真的就此沉沦的话，那迎接你的就是永无止境的枯燥乏味和碌碌无为。

我们羡慕那些成功人士，看着他们笼罩在成功光环里，又不禁慨叹自己平凡的命运和普通的人生际遇。可是，当我们认真寻找他们的人生轨迹，就会发现他们曾经也很平凡，甚至遭受了许多磨难。他们能够找到自己的舞台，完全是因为他们坚强的信念和执着的奋斗。

其实，每个人都可以拥有自己的舞台，关键是看我们有没有“台下十年功”的坚持和毅力。在你将最完美的自我展示给了世人之前，你只需要在看上去一成不变的时光里坚持不懈地努力成长，慢慢地积蓄力量，一点一滴地进步，那么，你终会用你切实的努力，惊艳了你自己和他人的时光。而那看上去一成不变的时光其实是每一天都在进步的时光，当你慢慢地成长，从量变到质变，你也会惊讶于这些细微成长所带来的巨大进步，这种一点点成长的愉悦会让你更加努力地成长，最终你会在你的人生舞台上大放光彩。

2. 你的价值是独特的，任何人都无法替代

我们每个人的生活面貌都是由自己塑造而成的，你无须根据别人的标准来评判或约束自己的行为，更无须始终效仿别人，你只需发现自我，保持自我的本色，做最真实的自己，这才是最重要的。如果不能认清自己的潜能，不知道自己应该做什么，不懂得用自己的方法处理自己的问题，只是一味地人云亦云，这才是最大的无知和不幸。

法国伟大的启蒙思想家卢梭说："大自然塑造了我，然后把模子打碎了。"这句话虽然自负，但是却适用于每个人。正如世界上没有两片相同的叶子一样，我们每一个人都是绝无仅有、独一无二的。只有这样，每一个人才都有他的可爱之处，有他独特的价值和他不可替代的位置。

有一次，英国某拍卖行正在拍卖两枚罕见的邮票，那是世上仅存的两枚，经过一番激烈的竞拍，一位收藏家以每枚 100 万英镑的天价买下了这两张邮票，整个拍卖会场都为之震惊。就在大家议论纷纷的时候，这位收藏家走到台上，向大家宣布："大家都看到了，我以 200 万英镑购得这世上仅存的两枚邮票，现在，我要把其中一张烧掉。"讲完之后，他真的从口袋里拿出打火机，把其中一张烧掉了。在场的所有来宾都瞠目结舌，简直不敢相信这是真的，那可是 100 万英镑啊，难道他疯

了吗?

烧完一枚邮票之后，收藏家又高声喊道：“各位都看到了，我已经烧掉了其中一枚。也就是说，我手上的这一枚是世界上独一无二的，它，才是真正的无价之宝！现在，我要把它卖给懂得鉴赏它的人，请各位出个价吧！”顿时，全场轰动，喊价声不绝于耳，大家争先恐后想要获得这独一无二的至宝。最后，那枚邮票以500万英镑成交，打破了历史最高的纪录，而收藏家在一眨眼之间就赚了300万英镑。

稀有的宝物虽然价值连城，但它毕竟是有价的，而我们每一个人却是无价之宝，因为我们都是独一无二的。

记得小时候，班花剪了蘑菇头，利落漂亮，于是，我也想把长长的马尾剪成齐耳的直发，结果剪出来的样子跟预期的大相径庭，最后我不得不又扎起了马尾，我发现还是长长的马尾适合我。如果我是玫瑰，又何必强求自己变成蔷薇？我想还是做自己最真实，也最重要。

我们每个人的生活面貌都是由自己塑造而成的，你无须根据别人的标准来评判或约束自己的行为，更无须始终效仿别人，你只需发现自我，保持自我的本色，做最真实的自己，这才是最重要的。如果不能认清自己的潜能，不知道自己应该做什么，不懂得用自己的方法处理自己的问题，只是一味地人云亦云，这才是最大的无知和不幸。

每个人都是独一无二的，那就意味着有人成功，有人平凡，有人擅长打猎，有人擅长耕作，有人长得漂亮，有人其貌不扬，有人天赋异禀，有人资质平平，有人出身豪门，有人出身贫寒……因此，无论你多么优秀，你也会有不及他人的地方，同样的，无论你多么不堪，你也有自己的闪光点。

既然各不相同，那就坚持做独一无二的自己，用一颗谦卑之心接受并欣赏自己，发现自己的长处，正视自己的短处，然后才能脚踏实地努力，最终达到目标。就像李银河的“采蜜哲学”那样，“人间如花丛，我只是从中采撷一点点精华，对其他的一切不去理睬。一生只有短暂的几十年，要好好享用自己的生命。自由奔放，随心所欲。”不仅如此，李银河还把“取其上得其中，取其中得其下”这句话赠送给那些二十五岁至三十岁，工作、生活不太顺利的年轻人，意在告诉年轻人，可以把自己的目标定得高一点，要以生活中最好的、最适合你的为目标，并且去努力，这和采蜜哲学是一致的。

3. 只要肯努力，就没有干不成的事

山很高，但是只要人敢去攀登，一步一步地攀登，再高的山也会被你踩在脚下；路很长，只要人肯用脚去走，一步一步地行走，多长的路也能被你走到尽头。

很早的时候，读过一本小说《牧羊少年奇幻之旅》，感触颇深。小说讲述了牧羊少年圣地亚哥努力追寻自己的梦想，经历坎坷，探寻宝藏的故事。在路上，圣地亚哥也曾迷茫过、徘徊过、失望过，甚至几度想要放弃。尽管如此，在炼金术士的指引下，圣地亚哥坚定了意志，克服了懒惰，克服前行道路上遇到的种种困难，终于抵达肃穆而壮丽的金字

塔，悟出了宝藏真正所在。

世上无难事，只怕有心人。当你有心去坚持完成一件事情的时候，就没有什么是可以阻挡你的。

曾经有一支探险队在亚马孙河上游的原始森林中探险。热带雨林的特殊气候让队伍中的很多人因身体严重不适应等原因，相继与探险队失去了联系。

两个月以后，这支探险队只有一人生还：这支探险队总共有 24 个人，其中 23 人因疾病、迷路或饥饿等原因，在原始森林中不幸遇难；只有一个人创造了生还的奇迹，这个人就是著名的探险家约翰·鲍卢森。

在原始森林中，饥肠辘辘的约翰·鲍卢森不幸还患上了严重的哮喘病，他艰难地在茫茫林海中坚持摸索了整整三天三夜。

在整个求生过程中，他昏死过去十几次，但强烈的求生欲望使他一次又一次地站了起来，继续做顽强的垂死抗争。他一步一步地坚持，一步一步地摸索，生命的奇迹就这样在坚持与摸索中诞生！

后来，很多记者争先恐后地采访约翰·鲍卢森，问得最多的一个问题是："为什么唯独你能幸运地死里逃生？"

他说了一句非常具有哲理的话："世界上没有比人更高的山，也没有比脚更长的路。"

山很高，但是只要人敢去攀登，一步一步地攀登，再高的山也会被你踩在脚下；路很长，只要人肯用脚去走，一步一步地行走，多长的路也能被你走到尽头。这就是支撑约翰·鲍卢森死里逃生的信念。

所以，只要肯努力，脚踏实地，就没有你干不成的事情，诚如《西游记》的主题曲唱的那样："敢问路在何方，路在脚下。"路就像我们的梦想，路在何方或许并不十分明确，但关键是这条路必须靠我们的双脚走出来，路就在脚下，只要我们收拾行装，坚定目标，心无旁骛，一步一步，朝着梦想的方向前进，我们就能到达梦想的终点。

漫步人生路，前途莫测，时而一马平川，处处皆风景；时而礁石险滩，充满艰难险阻。星星的光亮会集在一起，照亮你前行的道路，对于任何一个坚强的人来说，生活岂能尽如人意，也不乏辛苦跋涉充满磨难，甚至努力很久依然没有能够靠近梦想的可能，但只要心中盛满希望，任何困难都变得容易克服了，打败自己的从来都只是那颗懦弱的心而已。

4. 年轻，就是去拼搏的最大资本

我们想要实现梦想，赢得成功，就必须让我们身体里的热血沸腾起来，坚持不懈地去拼搏、去努力。爱拼才会赢，只有敢想、敢拼才能为自己创造更多机会，为自己的人生拼来转机。

我有一个大学同学毕业之后进入了一家快递公司做快递员。本来送快递是一份很辛苦的工作，再加上正值快递行业迅猛发展的时期，每天的快递件特别多，他每天下班回到家都已经是晚上十一二点了。因为出色的业绩和吃苦耐劳的个性，他很快就升职了，可是当上管理人员的他依然每天都很拼。有一次他在微信朋友圈发文说，终于忙完了要休息一下，我便留言关心他叫他别那么拼，要注意保重身体，他回了我一句："年轻就要拼，此时不拼，更待何时?"

后来我们聊了很多，同学说，拼搏是一种状态，他享受这个状态，他觉得拼搏中的分分秒秒都是充实的。其实，同学的老婆也会劝他注意保重身体，可是同学说，其实工作是种乐趣，工作不仅让他找到了自信和存在感，更让他实现了自我价值，不仅如此，工作还是项健身运动，他每天乐在其中，丝毫不觉得累，工作的充实还帮他改掉了之前总是失眠的坏习惯，那么，这样一举几得的事情，何乐而不为呢?

少壮不努力，老大徒伤悲，听了朋友的一席话，我真的无地自容，虽然我也为自己每天辛苦工作感动不已，可是平心而论，我的那点坚持真的值得自己感动吗？那只不过是自己夸大了自己原本应该有的状态而已，比起我的这个同学，我真的没有他那种专心致志和全力以赴，并且我还很容易放弃，遇到一点挫折就不想坚持，甚至怀疑自己的坚持是否有必要。

曹操说："老骥伏枥，志在千里；烈士暮年，壮心不已。"曹操人虽老，心未老，他在年迈之时还能有这样老当益壮、积极进取的雄心壮志，更何况我们年轻人呢?

曾经有一个测试，问的是，当你老了，你最后悔什么？测试结果是这样的，第一：75%的人后悔年轻时努力不够，导致一事无成；第二：70%的人后悔在年轻的时候选错了职业；第三：62%的人后悔对子女教育不当；第四：57%的人后悔没有好好珍惜自己的伴侣；第五：49%的人后悔没有善待自己的身体。

你觉得当你老了，你会后悔什么呢？

飞燕在市里的图书馆工作，整天枯燥乏味的生活让她毅然决定放弃安逸的公务员工作南下闯广东。于是，她带着刚拿到的电大英语专科文凭只身来到广州，找工作找了几个月才最后被羊城晚报录用，当起了一名英文秘书。三年后飞燕发现做一名英文秘书不是自己想要的生活，于是不安现状的她来到了东莞，进入了一家电子厂做管理，因为工作拼命，颇具领导才能，飞燕得到了老板的赏识，再加上业务扩张，老板决定投资，帮助飞燕夫妻俩另开一家新厂。因为肯吃苦，肯努力，飞燕的工厂一路高歌猛进，经过十年发展，现在工厂有职工 1600 人，年产值早已过亿，产品远销欧美市场，并在日本和中国香港开了分公司。

当年的图书馆管理员如今成了叱咤商海的企业领头人，她说，如果不是自己一路不安于现状，敢于放弃安逸，敢于拼搏，她不会取得今天的成就。

懒惰和贪图安逸只会磨灭你的意志，削弱你的战斗力，让你的梦想遥不可及。千万不要在最应该奋斗的年纪选择了安逸。年轻，就要去拼，如果因为害怕风险而裹足不前，那么，这一辈子都活不出自己的精彩。

年轻的我们，没有深厚的背景，也没有过人的资历，不是官二代，也不是富二代，没有高起点，也没有金钥匙，我们想要实现梦想，赢得成功，就必须让我们身体里的热血沸腾起来，坚持不懈地去拼搏、去努力。爱拼才会赢，只有敢想、敢拼才能为自己创造更多机会，为自己的人生拼来转机。

总有一天，你会感谢那个曾经拼搏的自己。

5. 这个世界很精彩，你不要在最好的位置上睡觉

你要记住，你来到这个美丽的世界，是为了看一场精彩的演出，而不是在最好的位置上睡觉。

我们总说人要有梦想，应该拼搏，应该奋斗，不要碌碌无为，可是在实现梦想的道路上，有些人总是很难准确地把握自己，甚至偏离轨道，模糊了他最初的目标。

有一个小镇上来了一个马戏团，他们在当地招募临时工。他们的条件是：做三个小时工作就可以给一张外场的票，做六个小时就可以进到内场观看，要是干上整整一天，那么，就可以得到一张坐在最前排最中间位置的票。那张最前排最中间位置的票可以近距离观看表演，自然是最好的。

有一对出生于贫穷家庭的小兄弟愿意干一整天，换一张最前排最中间的票。然后，他们开始工作，从早晨太阳出升到傍晚太阳落下，他们不停地干活，头也不抬。这期间，只吃了一个干硬的凉馒头，喝了几口水。到了下午的时候，两位小兄弟其实已经非常疲惫，身体几乎要散架了，但是观看精彩的马戏表演的信念支撑着兄弟俩，他们咬紧牙关坚持了下来。他们告诫自己：再坚持一会，演出马上要开始了。

辛苦了一整天，到了晚上，两位小兄弟终于在艰辛的劳动后迎来了

马戏团的精彩演出。他们兴致勃勃地坐在第一排，可是却满身疲倦，尘土染在他们的衣服上，手上磨出了豆大的水泡。这时，舞台光灯闪烁，主持人出场，演出开始了，精彩节目一波接一波，层出不穷，观众们兴奋地挥舞着荧光棒，掌声似潮水，一浪高过一浪。而那两位可怜的小兄弟，却在精妙绝伦的表演里，沉沉地睡去，一觉醒来，演出结束了，只留下深深的遗憾与懊悔。

读这个故事让人备感心酸。两位小兄弟辛苦劳动了一天，本来可以在最好的位置观看最好的表演。却因他们太疲惫，未能观赏到他们用辛苦劳作换来的一场精彩演出。

这就好比驾着马车的英俊王子来给你送水晶鞋，亲吻你的脸颊时，你却要睡着了，王子只好无奈地提着水晶鞋退出你的房间，你就这样错失了一场美好的姻缘。

这个世界很精彩，每天都表演着无比精彩的马戏。而我们每一个人都渴望坐在最前排最中间的位置观看演出。当你千辛万苦换回那一张最好位置的门票时，你却在最好的位置睡着了，所有的付出就像竹篮子打水一场空。

有的时候，生活就是会跟你开玩笑，让你所有的付出看上去像海市蜃楼。你辛苦地付出最终得到了你想要的，你却无法享用。是不是最好不要全力以赴，是不是没必要追求那个最好的位置？

事实上，不是生活跟你开了个玩笑，而是你自己没有搞清楚自己的付出究竟是为了追求什么。

人生的目标，不是坐在一个多么好的位置，而是愉悦地欣赏一场精彩演出。如果你累了，处于极度崩溃状态，那么，先停下来，休息一会儿，再好好调整一下你的人生坐标；否则，你会走很多的弯路，甚至历经千辛万苦，最终回到原点。

你要记住，你来到这个美丽的世界，是为了看一场精彩的演出，而不是在最好的位置上睡觉。千万不要沉睡过去，王子正驾着马车往你的方向奔来。坚持吧，再坚持一会儿，当王子来亲吻你时，你一定要做好你自己，让王子的吻落在你美丽的脸庞上，让王子深情款款地给你穿上漂亮的水晶鞋，那会是你幸福的开始。

6. 你的心有多大，舞台就有多大

心有多大，舞台就有多大；梦有多远，人生就有多远。一个人有多大的志向，就能成就多大的事业；有多大的气魄，就能达成多大的成就；生命因梦想而美丽，人生因拼搏而精彩。

比尔的父亲在商场打拼多年，却一直成绩平平。受父亲的影响，比尔从小就立志要成为一名成功的企业家。比尔的父亲也觉得比尔做事机敏果断，敢于创新，商业天赋极高，因此鼓励比尔去读经济或者工商管理类的大学。

出乎意料的是，比尔在高中毕业后，却来到麻省理工学院学习工科中最基础、最普通的机械制造专业。比尔的父亲斥责他说：“你为什么不读商业贸易或管理类的专业，反而要去学机械制造呢？你一定是忘记了自己的理想，你这是打算做一位出色的工人，而不是做一位成功的企业家！”

比尔不认同父亲的说法，他认为适当地把心放大，才会收获更大的舞台。比尔意识到如果不具备工科知识，就不能了解产品的性能、生产制造等各方面的情况，将来很难保证能在经商中占到优势，而工业商品在商贸中占据大部分份额，更何况工科学习不仅能增强工业技能，还能帮助学习者建立严谨务实的思维能力，培养一种脚踏实地的工作态度，而这些素质都是经营企业的必备因素。

比尔的解释，让父亲刮目相看。四年的大学，比尔不仅学会了本专业的知识，他还掌握了化工、建筑、电子等方面的基本知识。毕业后，比尔并没有急于从商，而是考入了芝加哥大学继续攻读经济学的硕士学位，他知道掌握经济学的相关知识，能让他更好的从事商业活动。

就在大家以为取得硕士学位之后的比尔会开始从商的时候，他却又进入别的私人学校学习法律知识，这一学就是三年，同时他还选修了一些专业经济学以及企业管理知识。当完成这一切之后，比尔却选择了政府部门的工作。

比尔的父亲生气了，他指责比尔已经彻底忘记了自己的理想。

比尔内心有自己的想法，他认为一个成功的企业家，必须具备很强的交往能力，要深知处世规则，善于人际交往，而政府部门是锻炼这种能力的最好去处。在政府部门工作的这五年，比尔培养出了深思熟虑、成熟稳重、沉着冷静的个性。

五年后，比尔应聘到一家公司去熟悉商情与商务技巧。两年后，就在公司为他升职做副总经理之际，比尔拒绝了，他决定正式向自己的理想迈开脚步。

这时的比尔已经35岁了，他开办了自己的第一家商贸公司。

因为准备充分，他游刃有余地应对各种商务操作，他计划周密，商业嗅觉灵敏，懂得避免各种法律纠纷，他之前所学的所有知识和所做的每一步准备，都在他之后的商业活动中发挥出了不可估量的作用。

25年后，比尔的公司从最初20万美元的资产发展成了现在200亿美元，比尔本人也成了美国当代著名企业家。

比尔的成功源自于他宽广深远、不急于求成的笃定之心，这颗从容的心为他生出了独特的智慧，让他明白欲速则不达，让他明白只有伟大的志向，才能成就伟大的事业。

俗话说，心有多大，舞台就有多大；梦有多远，人生就有多远。一个人有多大的志向，就能成就多大的事业；有多大的气魄，就能达成多大的成就；生命因梦想而美丽，人生因拼搏而精彩。因此，我们一定要树立远大的抱负和雄心壮志，让他指引我们方向，指引着我们不断前进，锲而不舍。

第二章

你远比自己想象的要优秀

人迷茫，不自信，很多时候就是由于没认清自己，将自己的价值低估了。其实，每个人都有独特的价值，每个人的潜能都是超乎想象的，你也一样。或许你目前表现得不够出彩，但你必定有出彩的时候，因为你远比自己想象的要优秀。

1. 你要的安全感，只能自己给

真正的安全感从来不是别人给的，它只能靠我们自己来建立，它源自于你强大的内心和结实的双臂，努力去创造、去改变，唯有如此，才会走到哪儿都不害怕。

人生下来都是没有安全感的，所以婴儿一生下来就要抓住东西和哭闹，这是人在本能的驱使下寻找安全感。

为什么没有安全感呢？因为我们每个人都期望过快乐、无忧的生活，我们要求别人对自己好，对自己忠诚，不要欺骗自己；小时候期望父母对你好，长大了期望朋友对你好，结婚了期望伴侣对你好，老了希望孩子对你好。

这种没有安全感的期望总归只是一种愿望，它充满了诸多不确定性，它是建立在对别人的渴望和依赖之上，就像建立在沙滩上的堡垒，你会担心他随时可能被海浪击溃。

我想起梅利的故事，这个美丽的姑娘从害怕到过度依赖，再到坚强不屈的故事让我钦佩。

梅利从小家境贫寒，读完初中就再没有机会走进学校的校门，为了生计，她开始打工赚钱。在工厂做普工的那段时间，她和一个同样出身寒门的男生恋爱并结婚生子。婚后一直在家带孩子的梅利日子倒也过得安逸，除了经济不是很宽裕。可是一场突如其来的横祸打破了这个小家的平衡，梅利的老公检查出患了尿毒症，沉重的经济负担让梅利一家苦不堪言，梅利不得不出来工作支撑这个家，为了方便照顾孩子和老公，她支起了一个煎饼摊，每天起早贪黑，日复一日，不离不弃，虽然赚的钱不多，但勉强还是够用的。再次见到我的时候，梅利向我袒露了心声，她说自己从小就没有安全感，因为害怕无依无靠，所以早早地恋爱结婚，希望和人生的伴侣共同面对生活的艰辛与不容易，也正因为这种心理作祟，梅利对老公的依赖特别严重，一点小事都希望老公陪在身边，后来检查出老公身体不好的时候，梅利才发现自己再也不能依赖别人了，除了坚强起来，她别无选择。她说，最难的是跨出第一步，可是当真正走出这一步，就会觉得其实也没那么害怕和恐惧，反而更加坚强、开朗了，她相信，只要活着，就有希望。

后来，梅利的坚强事迹感动了很多爱心人士，在这些好心人的资助下，梅利老公换了肾，身体也渐渐硬朗起来，他们一家人笑着开始了新的生活。

人或多或少都会缺乏一点安全感，不管是贫穷还是富有，经历挫折的人更是惶惶然不知去向何方，凄凄然如掉队之雁。这个世界太不牢靠了，万事万物都不会按照既定的轨道有条不紊地发生着，一切未知都无法预料、无法断定。害怕只是徒劳，你能做的，就只有不断地修炼自己，用自己的力量武装自己，找到属于自己坚强的方式，从而获得内心的安全感。真正的安全感从来不是别人给的，它只能靠我们自己来建立，它源自于你强大的内心和结实的双臂，努力去创造、去改变，唯有如此，才会走到哪儿都不害怕。并且这种力量一旦建立，谁也不能将你打倒。

所谓的安全感，从来都只是你自己给予自己的，拯救你的也只能是你自己。

2. 你所取悦的人，将激发你的无限潜能

时光如流水，匆匆而过，你所取悦的那个人让你费尽心思、积极进取，拼命学习，拼命工作，拼命成长，他激发你的潜能，鞭策你的战斗力，让你变身为超人，无所不能，而当你回首前尘往事，你会发现你也好喜欢那个曾经那么努力的自己。

大概每个人的生命里都曾出现过那么一个人，他牵动着你的心，刺激着你的神经，让你愿意为了他改变自己、改变一切，也许最后你未必能得到他的青睐，但是你不得不承认，那个你所取悦的人，成就了更加优秀的你。

小琴曾经是个自卑的人，感觉生活没意义，对身边的一切失去了兴趣。她否定自己的能力，自称只有“两不会”：这不会，那也不会。除了天天感叹自己一无是处，唯一帮助她打发时间的就是各种刷屏，慢慢地，她的心态开始失衡了，她变得爱抱怨、爱计较，她每天也不照镜

子，穿着肥大的睡衣出门，拉着脸、低着头，像是一个失去灵魂的傀儡。

其实她自己也痛恨这样的自己，没理想，没追求，整天混吃等死。大概连上帝都看不下去了，他安排一个优秀的男人出现在小琴的生命里。那个人高大、帅气又睿智，谈吐不凡、气质优雅，像个完美绅士。

小琴爱上了这个优秀的男人，可是她也很快意识到自己跟这个优秀男人之间的差距，一种自惭形秽的感觉挥之不去，她想接近却又害怕。看着镜子里那么糟糕的自己，小琴决定改变自己，让自己变得可爱而又优秀，优秀得足以与那个优秀的男人相配。

从此以后，小琴变得非常勤快，她再不容许自己邋里邋遢地出门，她每天对着镜子微笑，努力提升自己，参加各种学习班，培养兴趣爱好，积极地工作，出色地完成领导交给自己的任务。小琴发现自己在一点点地进步，最后那个优秀的男人竟然夸赞自己是一个优秀的女子，小琴这才发现，原来这个男人是上帝派来拯救她的。

从来没有人会无缘无故地出现在你的生命中，有人教会你成长，有人教会你生活，有人鼓励你拼搏，有人安慰你心伤，有人让你懂得珍惜，有人让你学会放下，有些人让你明白原来自己可以这样优秀。

还记得《那些年，我们一起追过的女孩》中的柯景腾吗？为了心爱的女孩，他天天废寝忘食，努力学习，备战高考，最后他终于考上了大学，当然，我要说的关键不是他考上大学，而是他为了心爱之人所做出的努力改变，最后，柯景腾说了这样的一句话："我也好喜欢当时那么喜欢你的我。"

时光如流水，匆匆而过，你所取悦的那个人让你费尽心思、积极进取，拼命学习，拼命工作，拼命成长，他激发你的潜能，鞭策你的战斗力，让你变身为超人，无所不能，而当你回首前尘往事，你会发现你也好喜欢那个曾经那么努力的自己。

感谢那个你所取悦的人，他的出现，让你变得更优秀。

3. 你要知道，爱笑的人运气永远不会差

每天清晨都送自己一个微笑，让一天的心情都好起来，嘴角上扬，露出洁白的牙齿，伸开双手拥抱大自然。然后，你会看到窗外有阳光照进来，暖暖的，心情就像窗外的绿叶一样欣欣向荣。

修儿说："我好郁闷，男朋友不理解我，我就生气，可是每次我气得翻来覆去难成眠的时候，他却在一旁呼呼大睡，我就更生气。"

阿娇说："我受不了别人拖拖拉拉，虽然是帮公司做事，可是也得对自己的人生负责啊，我看到偷懒的同事我就气不打一处来。"

小琪说："怀孕期间，我脾气很暴躁，跟老公吵过两次架，每次一吵完我就感冒了，导致自己难受不说，还可能会影响胎儿健康。现在想想，那种鸡毛蒜皮的事居然也让我大发雷霆，真的很可笑。"

从中医角度来看，经常生气是百病之源，伤脑、伤神、伤肤、伤内分泌、伤心、伤肺、伤肝、伤肾、伤胃等等，所以，生气其实就是拿别人的错误来惩罚自己，这是人类最愚笨的一种行为。想一想，你生气一

分钟，就会失去60秒的快乐，还有损身心健康，影响人际关系的和谐，实在太不划算。

亲爱的，不要让自己那么敏感，那么愤怒，那么忧郁，你的本职工作就是让自己满心欢喜，天天微笑。言谈间是快乐，嘴角边是快乐，眉宇间还是快乐。遇到不想回答的问题，直视对方的眼睛，微笑、沉默。走路抬头挺胸，遇见不想招呼的人，点头微笑，径直走过。和对自己有恶意的人绝交，相信有绝交，才有至交。有人试图和你无理取闹，安静地看着他，说："祝你好心情。"然后离开。给街头卖艺的人零钱，不和深夜还在摆摊的小贩讨价还价。每年给长辈和朋友寄生日贺卡。锻炼身体，如果可以，办健身房年卡。没错，就是这样，快乐每一天，想做什么就做什么。

有一个快递小哥，天天笑嘻嘻的，不管刮风还是下雨，他总是面带笑容，看上去心情特别好。单位里的同事都喜欢他，凡是有需要快递的东西都给他打电话，他都会如约来到单位楼底下，拿着单子笑呵呵地等着你的到来。快递小哥会一边和你说笑，一边动作麻利地给你整理快递的包裹，你要是问他为什么这么高兴，他会告诉你，没有什么特别的喜事，就是简单的三个字——心情好，每天开开心心不是很好么？大家发现，他有一种魔力，他的快乐会传染，见到他你的心情会立马变得舒畅，并且也会跟着笑起来。其实，快递小哥就是用他善良、淳朴的生活态度感染着身边的每一个人，所以大家都喜欢他，一个人人都喜欢的人，运气还会差吗？

爱笑的人善于给自己的内心建造一座加油站，里面盛满正能量，时刻为自己加油，少依赖他人的帮助。你的加油站不仅给自己加油，还出售鼓励、安慰、勇气和信任等正能量，无论何时，当你感觉到能量不够用时，你要迅速给自己加满。于是，大家眼中的你时时充满正能量，天天都有好心情，而一个总是需要别人给自己加油的人，不仅会影响自己前进的速度，还会给别人带来麻烦。

古龙说："爱笑的女孩子，运气不会太差。"这是个看"脸"的时代，微笑的人总会让人不忍拒绝。

还记得那个特别爱笑的演员陶虹吗？她爱笑恐怕是全国人民都知道的事情，她那双笑眯眯的眼睛像两轮弯月一般让人看着舒服，有人说，她一笑仿佛全世界都在笑。她用自己的态度活出了众人艳羡的幸福与自信，不管是在影视作品中，还是在现实生活中，陶虹用她的笑容传递着她豁达、淳朴的生活态度，她说："我觉得快乐和别人没什么关系，快乐来源于自己，要快乐首先得自信，不自信的人不可能快乐。"

爱笑的人是豁达的人，是热爱生命的人，就像爱笑的艾米丽，尽管有着不幸的童年和遭遇，不过这一切都毫不影响她对生活的豁达乐观。生活像一面镜子，照到的是我们的影像，当我们哭泣时，生活在哭泣，当我们微笑时，生活也在微笑。

所以，亲爱的，相信自己可以过得很好，就算天塌下来还有个儿高的顶着呢。每天清晨都送自己一个微笑，让一天的心情都好起来，嘴角上扬，露出洁白的牙齿，伸开双手拥抱大自然。然后，你会看到窗外有阳光照进来，暖暖的，心情就像窗外的绿叶一样欣欣向荣。

4. 你努力的每一天，都是成功的前奏

在你努力做好自己的过程中，那些你所期盼的美好自然就会来到你身边，你的辛苦必然会开花、结果，你的努力怎么都不会白费。

岁月极美，在于它必然的流逝。

春花，秋月，夏日，冬雪。

——三毛

作家三毛就像她的这段文字一样善良清灵，她一生淡泊洒脱，追随自己的内心，就是这样一个努力盛开的女子，用她的真实开出了世人永远的崇敬之花。

人生在世就是一场旅行，幸福总是在路上。你只需要保持你的善良，开心地笑，畅快地哭，努力做一个不矫揉造作、不抱怨、不工于心计、积极向上的真性情的女子，你的世界自然清风徐徐来，花儿朵朵开。

有这样一个女孩，特别喜欢蝴蝶，只要看到翩翩起舞的蝴蝶，她的心情立马会变得美好而明朗。她喜欢追着蝴蝶满园子跑，与蝴蝶一起共舞。

可是，现在，她跑不动了。9 岁那年的一场车祸，让女孩失去左腿，之后，她永远需要借助着拐杖行走。

截肢的那段日子里，女孩很悲观，几度想自杀，家人及时发现，在心理医生及药物的双重治疗下，女孩渐渐敢正视自己的处境。女孩养了一群流浪狗，每天给它们煮食物，关心它们的生活，在女孩的照顾下，流浪狗们越长越健壮，皮毛光亮光亮的。不久之后，那些流浪狗被新主人一一领走，女孩觉得很快乐，因为她让流浪狗们找到了温暖的新家。

很快，女孩收养流浪狗的事情在社区传开了。有些人来与女孩分享养狗经验，有些人给女孩送钱和狗粮，社区兽医也会定期来给狗狗们免费体检。渐渐地，女孩的笑容越来越多，她找到了自己人生的价值。再后来，女孩在热心人士的帮助下，开了一家流浪狗活动中心，女孩的命运也从此变得跟从前不一样了。

女孩还想到了一个好办法，她买来很多盆栽鲜花摆放在窗台上和院子里。就这样，喜欢蝴蝶的女孩再也不用追着蝴蝶跑了，现在，她只需要泡一杯清茶，安静地坐在藤椅上，就可以欣赏着成群结队的蝴蝶了，看它们在院子里飞舞，而女孩也成了院子里最美的鲜花。

你若盛开，蝴蝶自来；

你若精彩，天自安排。

在你努力做好自己的过程中，那些你所期盼的美好自然就会来到你身边，你的辛苦必然会开花、结果，你的努力怎么都不会白费。

值得高兴的事情还很多，父母健在，爱人温暖如初，三两个知己，一份养得起自己和家人的薪水，就算有风雨，也要相信风雨过后就是彩虹。所以，为什么不努力让自己精彩地绽放呢？

5. 越努力越幸运，你只管专心做自己的事

别在你还没开始努力的时候，就感叹无能为力，别在你即将成功的时候，就轻易放弃。放下你的浮躁，放下你的懒惰，放下你的三分钟热度，放空你禁不住诱惑的大脑，放开你容易被吸引的眼睛，管住你什么都想聊两句八卦的嘴巴，静下心来好好做你该做的事，好好努力，活出自己的精彩，努力后你会发现，你比想象的自己优秀很多。

从小到大，骆佳都是一个积极努力、认真负责的女生，因此，不管是学业还是事业，她都表现不俗。几年间，她就从一个企业管理咨询师做到了某投行部总经理，亲朋好友纷纷感叹她的好运气，而作为同事的我们最清楚她升职加薪背后所付出的努力和艰辛。

每次公司组织业务活动，别的小组找借口少干点活的时候，骆佳总是最积极负责的那一位，加班成了家常便饭，但是她没有丝毫怨言，反而像个自带阳光的向日葵一样，用快乐的情绪感染了同组的同事。为客户企业服务更是如此，在企业管理咨询这样专业的服务机构中，女生需要付出比男生更加倍的努力，骆佳每天工作到凌晨才休息，第二天又神采奕奕地调研、访谈、写方案，她凡事实事求是、精益求精，精湛的专业和负责的态度获得了客户好评的认可，以至于很多客户公司邀请她留下来做职业经理人。因为努力和负责，骆佳总是特别好运地接到了很多

公司的诚意邀请，她在业界的口碑也越来越好，当朋友问她为什么这样幸运，总是有人邀请她去做总经理的时候，她笑着说："我啥也没做，我只专心做好自己的每一件事情而已，或许是越努力越幸运吧！"

努力是一种态度，只有努力才能专心致志，也才能把事情做好，当你只管努力地做好自己的事情的时候，你收获的不止是努力换来的成果，还有他人对你的信任和青睐。努力的人总是颇具魅力，总是更得幸运之神的青睐，因为努力的人有能力抓住幸运之神赐予他的每一次机会；如果不努力，天天守株待兔，指望天上掉馅饼，他必然等不到幸运之神的光顾，甚至连兔子和馅饼都等不到。

有这样两个实习生，一个男孩、一个女孩，他们都很想通过自己的努力留在他们所在的实习公司。男孩每天早早地赶到公司，又每天自觉推迟下班时间，还主动给经理擦桌子、倒茶水，可是一个月后，他被辞退了。女孩每天也很积极主动，不过她三个月后转正加薪了。

同样是努力，为什么男孩被拒绝了，女孩被接受了？

原来，男孩虽然每天早到晚归，可是工作的时候从不主动找事情做，他只会对着电脑看看网页、刷刷屏，经理电脑坏了也只会袖手旁观，拿个螺丝刀还需要跑好几趟，因此，经理实在不想培养如此"努力"的人。而女孩则每天主动学习，看专业书籍、上网找解决方案，遇到实在费解的问题也会精心选择经理不太忙碌的时间去请教，不仅如此，女孩跟经理出去见客户也都抢着拎重机器；经理交代的报告方案女孩也总是能提前完成，她说多努把力方便腾出时间修改。遇到这样积极主动、努力认真的实习生，经理自然很高兴帮她转正。

大多数时候，你以为你很努力，其实你并不是真的很努力，努力不是挂在口头上的，努力是需要用实际行动一点点去夯实的，是需要付出加倍的辛苦和劳动，才能换来有效的成果。

别在你还没开始努力的时候，就感叹无能为力，别在你即将成功的时候，就轻易放弃。放下你的浮躁，放下你的懒惰，放下你的三分钟热度，放空你禁不住诱惑的大脑，放开你容易被吸引的眼睛，管住你什么都想聊两句八卦的嘴巴，静下心来好好做你该做的事，好好努力，活出自己的精彩，努力后你会发现，你比想象的自己优秀很多。

时间如白驹过隙，一转眼所有快乐和悲伤都被散落在身后。在无情的时光面前，我们都将渐渐老去，只有努力的人才能掌握自己的人生，不求轰轰烈烈，但求努力做好一个普通人，在普通的岗位上创造不普通的成就。

请记住一句话：越努力，越幸运。

6. 相信自己，你的努力正在创造奇迹

与其慨叹命运的不济，还不如相信自己的力量。其实，幸运之神只是偶尔把你忘记，没关系，你只要继续努力，它就会离你越来越近，努力之后，它就会看到你，然后给你一个机会，让你实现你的愿望。

有一个年轻人，想要做一个像乔·吉拉德一样的销售大王，他一直很努力，工作勤勤恳恳，积极卖力。可是干了将近一年，不但没有拿下

订单，反而在几个大项目上接连失败。而他的同事们，业绩都比他的好，他感觉非常痛苦。他来到总经理办公室，惭愧地说，可能自己不适合这份工作。

总经理说："安心工作吧，我相信你，请你自己也相信自己，我会给你足够的时间，直到你成功为止。到那时，你再要走我不留你。"

年轻人很感动。他相信自己一定可以做好，总得做出点成绩才能离开。于是，他在后来的工作中多了一些冷静和思考，一年后，他已经连续八个月在公司销售排行榜中位居榜首，成了业界小有名气的销售大王。

他这才发现，原来，相信自己可以，就真的可以。后来他的总经理告诉他，当初招聘时，公司收了200多份简历，他面试了20多人，最后却只录用了他一个。如果接受他的辞职，那等于宣告自己的想法是错误的。但是，他深信，既然他能从数百个应聘者当中脱颖而出，就一定有能力在工作中得到客户的认可，只是时间还没有到而已。最后总经理笑着说："与其说我相信你，倒不如说我是在相信自己。我相信我选的人没有错。"

人必须相信自己，这是成功的秘诀。

可能是家里最小的孩子的原因，他从小到大都喜欢依赖哥哥姐姐。后来，他离开了家，在外地求学，也恋爱了，和女友关系不错，时间一长，女友发现了他不自信、喜欢依赖他人的一面。比方说，看到他们走在大街上，看到一种新式的贩卖机，她想去试试，他就打断她："啊呀，不会弄，咱们走吧。"她生气了："不会就学嘛，按照步骤来，应该不难。"后来，毕业了，她问他有什么打算，他说："你有什么好建议，我听你的。”她简直不敢相信自己的耳朵，后来，她变了，她故意说自己这不会，那不会，这个听他的，那个听他的，慢慢地，他变得自信了，有主见了，一次次的尝试不仅培养了他的能力，还让他发现自己其实可以做得很好，也渐渐懂得了承担与责任，懂得了相信自己才能创造属于自己的天空。

有时候，相信自己比依赖别人重要，多些尝试，你就会发现自己可以做得很好。

做人，一定要有主见。不同的人做事方式不一样，但只要尽心尽力地做事，就不会被埋没，除非你否定自己的能力。所以最重要的是摆正心态，多付出一点、多做点奉献没什么不好。得不到机会的时候要记住“是为自己打工”，耐心积累更多的有形的和无形的资本，请记住，为自己做再多的事情也不过分。

与其慨叹命运的不济，还不如相信自己的力量。其实，幸运之神只是偶尔把你忘记，没关系，你只要继续努力，它就会离你越来越近，努力之后，它就会看到你，然后给你一个机会，让你实现你的愿望。

第三章

拥有梦想的你，将来必将了不起

或许你现在很渺小，或许你现在看不到成功的希望，但你只要拥有梦想就没有必要丧失自信。任何人要想获得成功，成为令人瞩目和受人敬仰的人，都必须经历从拥有梦想到实现梦想的过程，都需要一段奋斗的时光。因此，此时的你要坚强，要努力，要相信拥有梦想的你将来必将了不起。

1. 有梦想，才有动力

梦想还是要有的，万一实现了呢？无论如何，你得采取行动，给自己一个实践梦想的机会，如果你只想而不行动，你就连机会都没有。

不敢想不敢做、敢想不敢做、敢做不敢坚持，这是大多数与梦想失之交臂的人的共同特点，梦想还是要有的，万一实现了呢？无论如何，你得采取行动，给自己一个实践梦想的机会，如果你只想而不行动，你就连机会都没有。

或许你会质疑，你还会人云亦云地说“寒门再难出贵子”，如果是这样，你就限制了梦想的定义，梦想其实就是一种自我价值的实现，渴望贡献自己的力量，想要达成心中的愿望，梦想可大可小，只要梦想是积极、正面的。

人类因梦想而伟大，莱克兄弟梦想飞上天，我们才有幸坐着飞机翱翔于蓝天；爱迪生梦想给人类带来光明，才有了电灯的出现；鲁迅梦想救国才会有无数鼓舞人心的不朽篇章；我们的商人梦想获得金钱，才使商业如此繁荣。梦想看似遥远，但是随着我们付出的努力和行动，梦想就会悄悄地开花结果，最终变成现实，然后成就每一个人的人生，甚至成就全人类。

当然，有了梦想之后，如果只是整日空想那也枉然。我们说梦想还是要有的，最关键的是鼓励敢想，可是如果只是想象，没有行动去实践那也是无济于事的。就像在岸上练习了千百个游泳姿势，却始终不敢下水试练，这样的人永远学不会游泳；设想了千万个奇思妙想的选题和故事情节，却始终没有动笔，这样的人永远写不出一部作品。

富二代肖明家道中落之后，天天在家里义愤填膺地高喊着要东山再起，要重现父辈的荣耀，可是除了信誓旦旦，他没有做其他努力。叫他去面试，他说工资太低浪费时间；叫他做业务，他说熬到能赚大笔钱也不知是猴年马月；叫他白手起家创业，他说哪有那么容易，一天累死累活还赚不到几个钱。老婆告诉他，认真踏实的人才最可靠，梦想不光是用来宣誓的，成功不是探囊取物，它是需要用行动和坚持不懈的行动换来的，它更多的是在黑暗崎岖的甬道中摸索着前行，即使前方的光亮并不明朗，也依然咬紧牙关一路摸索前行；如果畏首畏尾，瞻前顾后，不做出实际行动，最终换来的只有悔恨。经过几番心理挣扎之后，肖明终于鼓足勇气开始走出家门，面试，工作，从基层做起，风雨无阻，尽管还没有赚到很多钱，但是至少可以养家糊口，人也变得充实自信多了，他有了新的详细计划，他相信自己可以一点一点地实现这些计划。

梦想不像做一道菜，需要等所有材料都准备好了才下锅，如果你想等所有条件都具备，你会发现你永远差一个条件。终有一天，你会带着惋惜的口吻说："啊呀，我差点就实现了我的梦想，一开始我差点资金，中间我差点勇气，后来我差点激情，不然我肯定成功了。"

2. 你坚持做到简单专注，便可以创造奇迹

乔布斯说："你的时间有限，所以不要为别人而活。不要被教条所限，不要活在别人的观念里。不要让别人的意见左右自己内心的声音。最重要的是，勇敢地去追随自己的心灵和直觉，只有自己的心灵和直觉才知道你自己的真实想法，其他一切都是次要的。"

小刚和小明是大学同学，小刚踏实勤奋，小明聪明伶俐。大学毕业后他们各自开始了自己的职业生涯之旅。小刚 5 年中只干过 1 个行业，结果他成为这个行业的精英人士，现在的月收入是刚毕业时的 10 倍。小明 5 年来换过 7 个单位，每进入一个公司总觉得有这样或那样的不如意，于是他不断地跳槽，不断地再就业，结果，他无法在任何一个行业立足。

在当今这个信息发达、科技不断进步的时代，一个专业足够一个人奋斗一生，只有在一个行业中深耕，不断学习、努力的人才会对行业有透彻的见解和有所作为，只有这样的人才能从茫茫的竞争者中脱颖而出，成为行业的领军人物。

成功没有捷径，所有伟大的成就和平凡的梦想都是一步一个脚印、踏踏实实地干出来的。苹果之父史蒂夫·乔布斯说："专注和简单一直是我的秘诀之一。"乔布斯因为具有自强不息的精神、百折不挠的信念

和近乎疯狂的热爱，所以才能造就经典与伟大，他更懂得简单和专注的力量有多么珍贵。且不说这些伟大的天才，就是观察身边的亲朋好友，你也会发现：他们当中，在一个行业干了3年能成为企业的骨干，干了5年能成为行业精英，干了10年就能成为这个领域的专家，这就是简单和专注的力量，道理就是这样简单。

乔布斯说："你的时间有限，所以不要为别人而活。不要被教条所限，不要活在别人的观念里。不要让别人的意见左右自己内心的声音。最重要的是，勇敢地去追随自己的心灵和直觉，只有自己的心灵和直觉才知道你自己的真实想法，其他一切都是次要的。"想要有所成就的人，必然是不走寻常路的人，如果思想太复杂，被太多教条和固有观念束缚，你将很难把事情做好、做到极致，你必须努力厘清思路，从而使其变得简单，实际上，简单可能比复杂更难做到，但只要你坚持做到简单、专注，便可以创造奇迹。

日本有一种精神叫工匠精神，说的是一群对自己的工作有着近乎神经质般追求的匠人。他们对自己的作品十分苛刻，对自己的手艺充满骄傲甚至自负，对自己的工作从不厌倦，并永远追求尽善尽美。如果市面上流通着质量不好的产品，这群日本工匠会认为这是一种耻辱。正是这种工匠精神让日本制造无可挑剔，蜚声全球。

百度公司的创始人李彦宏说："简单做人，专注梦想。"一个专注的人，往往能够把自己的时间、精力和智慧凝聚到所要干的事情上来，从而最大限度地发挥积极性、主动性和创造性，努力实现自己的目标。我们看到的那些成功的人，无一不是坚持做到"专注"，才取得了别人无法取得的成就。

你知道成功者与失败者之间最大的差距是什么吗？那就是对“简单和专注”理解上的差距。

那些获得诺贝尔奖的科学家们无一不是因为自己简单的生活、专注的研究，经年累月，日复一日，才创造了惊人的成果；那些体育健将、奥运冠军，哪个不是默默地把自己大部分的生命和时光都献给了训练场；而诸如任正非这类卓越的总裁和经理人们，生活同样简单执着，为了工作，他们甚至夜宿办公室；还有那些成绩优异的学生们，他们几乎都是每天学校、图书馆、家里三点一线，专心致志地埋头苦读。

简单和专注说起来容易，真正做起来却很难，因为人总会受到各种各样的诱惑：比如更高的薪资待遇，看起来更好的发展机会，等等。所以，我们一定要找到自己的兴趣和爱好，爱好会让你变得更专注，更锲而不舍。千万别让自己成了那个下山的猴子，摘了桃子丢了玉米，看见西瓜丢了桃子，碰到兔子又丢了西瓜，最后追了半天，兔子也消失得无影无踪。当然，选择很重要，但是请不要把时间浪费在选择上，一旦你找到了自己的所爱，就要学会一心一意地追求你的所爱。

抵制诱惑，坚持不懈，让简单和专注成为一种习惯。有人说：“只有偏执狂才能成功。”这话虽略显偏颇，但是却形象地道出了简单和专注的力量，头脑简单地向前冲，或许真的就能创造奇迹。

其实，简单和专注也很简单，只要我们每个人找到自己的热情所在，保持这份热情，你的人生自然就会变得简单而又专注。事实上，简单地生活，本身就是对生活的一种专注。抛却纷繁错杂，将一腔热爱简单、专注地倾注在我们的目标上，我们才能实现自己的目标。

3. 没有颠簸的青春，你就体验不到成长的滋味

时间会让你看淡很多事物，也会替你疗伤，当初感觉天都要塌下来的大苦难，现在都变得微不足道了。成长大概就是这样，一路颠簸，一路领悟，一路收获，谁的人生又不是这样呢？

人有悲欢离合，月有阴晴圆缺。人的一生之中，总会遇到这样或是那样的挫折和不如意，也总免不了经历一段最艰难、绝望的时光。为什么说这是“一段”时光，因为只要你心中还有希望，咬牙坚持下来，等这段时光过去了，你就会发现那些你以为不可战胜的困难都变得不那么可怕了，它最终变成回忆，镌刻在你的脑海里，丰富了你的阅历，锻炼了你的品质，滋养了你的人生，让你获得领悟，变得成熟和更加强大。

琪琪说：“我最艰难的时光是 17 岁的时候不得不用自己瘦弱的肩膀撑起一个家，去广东批发衣服，为了省钱，在麦当劳睡觉、刷牙、洗脸，结果凌晨五点多在市场的人堆里丢了货，当时绝望地在人潮中哭成了泪人。但是我坚信这是老天对我的考验，现在我的生意做得还不错。”

林晓燕说：“我 18 岁那年感觉最艰难，爸爸陷入传销不能自拔，导致家里负债累累，债主天天上门讨债，妈妈气得每天都跟爸爸吵架，而我也经常半夜被妈妈叫醒听她诉苦，感觉日子真的没法过下去了。如果不是机缘巧合下看到了南怀瑾的《金刚经说什么》，我想我真的坚持不

下去了，后来我还劝慰爸爸妈妈凡事看淡一些，现在爸爸已经脱离传销组织，跟妈妈的关系也缓和了不少。虽然仍旧有一些负债，但是家和万事兴，我相信一切都会慢慢好起来的。”

美美说：“我第一次体会最艰难的时刻是在25岁那年。那年我做了一个大手术，说好会陪我的准老公在我住院后消失了，打他电话他都不接，我以为他是工作太忙。后来，手术后的第三天，当我浑身还插满各种管子，连说话的力气都没有的时候，他发给我一条分手短信，再打电话过去就是关机。我妈知道后在一旁号啕大哭，但是我没有哭，艰难时刻让我看清了这个人是不是值得我托付终身的人，为什么要哭？”

Kim说：“我的艰难时光很多，8岁的时候父母双亡，姐姐把我带大的，姐姐含辛茹苦供我读书，可是我连大学都考不上，去工厂上班被男友骗光了我积攒多年的积蓄，结婚后我借钱创业，最穷的时候吃了三天馒头，但是我不曾放弃，今年公司小赚了一笔，我还了债，还买了新房子，最后我在酒桌上哭得稀里哗啦，有种守得云开见月明的感觉。那些艰难的经历教会了我坚强，所以现在只要我觉得灰心的时候，我就会让自己忙起来，我知道命运不会对奋斗的人太不公平。”

我们很多人都经历过生命中最艰难的时候，那时仿佛围绕在身边的都是负能量，迷茫、害怕、压力、焦虑、绝望、无助，事实上，最艰难的时候，没人能帮到你，你只能靠你自己，只要活着，一切都能扛过去。可是只要你坚强地扛起来，你就会豁然开朗，那种拨云见日的感悟会提升你的境界，那种岁月沉淀下来的不屈不挠会化作一道金光保护你一辈子，让你不再害怕和恐惧。

痛苦是短暂的，相信一切都会过去，你会渡过这一难关，老天会给你更美好的东西，只要你自己不放弃。

林语堂说：“一个人彻悟的程度，恰等于他所受痛苦的深度。”痛苦何尝不是一种修炼呢？痛苦会让你看到自己的不足，发现自己的缺点，对于强者来说，挫折能够磨砺意志，悲痛能够化为动力，激发斗志，他们知道挫折和悲痛是走向成功的必经之路。

时间会让你看淡很多事物，也会替你疗伤，当初感觉天都要塌下来的大苦难，现在都变得微不足道了。成长大概就是这样，一路颠簸，一路领悟，一路收获，谁的人生又不是这样呢？

有位智者说：“河流不走直路而走弯路，最根本的原因就是，走弯路是自然界的一种常态，走直路是一种非常态，因为河流在前进的过程中，会遇到各种各样的障碍，有些障碍是无法逾越的。所以，它只有取弯路，绕道而行，也正因为走弯路，让它避开了一道道障碍，最终抵达了遥远的大海。人生也是如此，当人们遇到坎坷、挫折时，也要把曲折的人生看作是一种常态，不悲观失望，不长吁短叹，不停滞不前，把走弯路看成是前行的另一种形式、另一条途径，这样你就可以像那些走弯路的河流一样，抵达那遥远的人生大海。”

把走弯路看成是一种常态，怀着平常心去看待前进中遇到的坎坷和挫折，你会像河流一样，尽管曲曲折折，但是最终还是会抵达人生的目标。

最终，生命里那段最艰难的时光，最终成了刻在美好人生钻石上的横切面，它带着外人无法体会的疼痛，成了今天你看到的永恒的璀璨。

4. 你的梦想不是拿来炫耀的，是要靠行动去实现的

梦想伟大也脆弱，当它还没有实现的时候，它就像棵稚嫩的小树苗，它还没有长成参天大树，它还不是人们认可的人才，过早地迎风招摇会让它缺失帮助和信任，它唯一能做的就是韬光养晦，专心致志，吸收养分，逐渐成长，当有一天，它变得高大挺拔，它可以庇护一方青草的时候，它的梦想就实现了，那时的它会像充实的麦穗一样谦虚，讨人喜欢。

李琦是个很有梦想和抱负的人，对待工作也是兢兢业业、精益求精，可是他不管是在工作时间还是闲暇时间，总不忘将自己的梦想挂在嘴边，还劝告身边的朋友们，人活在世上一定要有梦想。一开始，朋友们都很钦佩他，钦佩他志存高远，少年自强，可是听多了他的豪言壮语之后，难免心生厌倦，纷纷私下讥讽他是“口号哥”。他的好朋友刘峰觉得有必要提醒自己的兄弟，于是郑重其事地告诉李琦：“梦想就像内裤，要有。但不能逢人就去证明你有！”李琦恍然大悟，梦想不应该拿来炫耀，而是要靠行动去实现，自信不是靠炫耀得来的，炫耀只会使自己坠入无止境的虚荣，虚荣使人疲惫，容易招致嫉妒和嘲笑，容易让自己坠入求而不得的痛苦深渊，所以不要炫耀，更不要吹牛。从此以后，李琦再也不把梦想挂在嘴边了，而是更加努

力，更加积极进取了。

从小妈妈告诫我们：“不要吹牛，想到什么就去做，做成功了再来说，那样别人才会佩服你，如果只听你天天喊口号，却不见你行动，最后别人肯定会笑话你的。”妈妈的话很朴实，但很有道理，它道出了立志和夸夸其谈的区别，尤其是梦想这种并不那么容易实现的东西，一定要有，但不一定要说出来，更多的是靠行动去实践，靠毅力去坚持，进而逐渐将其转变成现实。

我有一个姐姐，其貌不扬，听力不是很好，吐字也不清晰，可是人家很自信，活泼开朗，追求者也很多，她悄悄地告诉我，说她的梦想是有房有车有人爱，吃喝还不愁。她有过一次失败的婚姻，她为这段婚姻付出了很多，不管是力求家人的支持还是对老公无私的经济支持，最后，他们的婚姻还是在老公的出轨事件中走到了尽头。看上去，这段不幸的婚姻让她远离了自己的梦想，不过她并没有因此一蹶不振，她告别了一团乱麻似的婚姻生活，开始更专注地投入到自己的工作中，她在一点一点地积攒力量，努力地朝着梦想前进。

就在亲戚朋友还在担心姐姐是否能走出痛苦阴影的时候，她兴奋地告诉大家，她升职加薪了，而且准备结婚了，老公是她的校友，姐姐和姐夫十分恩爱，日子也过得有声有色，大家纷纷赞叹，都说姐姐是个有福气的人，但是我最清楚，她的福气是她自己创造的，她从没放弃过自己的梦想，她热爱工作，努力地提升自己，她用坚韧将梦想保存在心中，用耐心和毅力一步步积蓄力量，最终放飞了自己的梦想。

对于没有毅力和恒心，总是用借口来搪塞的人来说，梦想太遥远了，能把当下的计划实现了就已经很不错了。

很多人说好要强身健体，可是还是抱着手机不离手，连自己穿的衣服都懒得洗，最后患了大病才想起来曾经说过的话；很多人说好要孝顺父母，可是一周连一个电话都没有给父母拨过去，最后感叹树欲静而风不止，子欲养而亲不待；很多人说好要成为一个商界翘楚，可是依旧朝九晚五，不做任何尝试，最后还是坐在那个格子间里苦思冥想；很多人说好要改变世界，可是遇到挫折就退缩了，然后就此裹足不前，最后世界改变了他们。

细细想来，我们有多少时间是浪费在夸夸其谈上面的，说好的鸿鹄之志，说好的不甘平庸，说好的死磕到底，说好的持之以恒，说好的一不做二不休，说好的不顾一切、全力以赴，最后只在某个悔恨的午夜才会想起来。

梦想伟大也脆弱，当它还没有实现的时候，它就像棵稚嫩的小树苗，它还没有长成参天大树，它还不是人们认可的人才，过早地迎风招摇会让它缺失帮助和信任，它唯一能做的就是韬光养晦，专心致志，吸收养分，逐渐成长，当有一天，它变得高大挺拔，它可以庇护一方青草的时候，它的梦想就实现了，那时的它会像充实的麦穗一样谦虚，讨人喜欢。

5. 为了才华撑得起野心，你得踏踏实实地去努力

莫言说：“当你的才华还撑不起你的野心的时候，你就应该静下心来学习；当你的能力还驾驭不了你的目标时，就应该沉下心来，历练；梦想，不是浮躁，而是沉淀和积累，只有拼出来的美丽，没有等出来的辉煌，机会永远是留给最渴望的那个人，学会与内心深处的你对话，问问自己，想要怎样的人生，静心学习，耐心沉淀。”

朋友给我打来电话说想要出家遁入佛门，我大吃一惊，立马问他为什么，他说从小到大没做成什么让父母和自己骄傲的事情，工作又累赚的又少，最近又被相恋多年的女友甩了，真的觉得红尘中没什么值得留恋了。我反问他：“你不是说要当作家，写出不朽的作品吗？”他苦笑了一下说：“怎么可能！我自己都不相信自己了，我要真有这天分，早就是第二韩寒和郭敬明了。”我大吼了一句：“你急什么啊？莫言不也是中年之后才获奖的嘛，李安当年在家当了六年的家庭主男，史泰龙跑了几千家影视公司才成就了自己的演员梦，你做了多少？人的命运际遇各不相同，你还没有得到你想要的，那就继续努力，出家当和尚那是逃避痛苦，何况佛家讲究普度众生，为众生消业障，青灯古佛，晨钟暮鼓，你确定你做得到吗？”

在我国的南方，有一种很常见的竹子——毛竹。毛竹有一个很特别

的地方，就是在栽种后的最初五年中，毛竹的生长极其缓慢，当其他树木早就长成了参天大树，它似乎还是没怎么成长。但是，五年过后，它就像被施了魔法一般，会在短短几个月时间蹿到30多米，远远超过普通树木的高度。而且，它的根系早已扎得遍地都是，能让周围变成郁郁葱葱的竹林。

原来，栽种后的五年里，毛竹并不是像我们表面看到的那样无所作为，它把所有的努力用在了地下、用在了伸展根系上。五年中，它的根居然可以扎到几里地远。这么充分的准备、这么强大的根系，才造就了这么令人惊叹的奇迹啊！

我们身边也有像毛竹一样的人，虽然外在环境很浮躁，但是他们依然默默地努力，即使前方不那么清晰，他们也会默默地坚持，哪怕遭遇挫折。就像毛竹的前五年，看起来没怎么生长，但实际上根系一直在地底下延伸。他们现在的努力看起来一文不值，但是一旦因缘际会，或许就是“大鹏一日同风起，扶摇直上九万里”。风头无两的马云35岁才创立阿里巴巴，之前所经历的坎坷和他坚忍不拔的意志也是无人能及的；任正非45岁才开始创业，为了工作甚至经常睡在办公室里；乔布斯52岁推出iPhone，之前也是几经起伏，各种辛酸大概只有他自己清楚。

很喜欢莫言的这段话：“当你的才华还撑不起你的野心的时候，你就应该静下心来学习；当你的能力还驾驭不了你的目标时，就应该沉下心来，历练；梦想，不是浮躁，而是沉淀和积累，只有拼出来的美丽，没有等出来的辉煌，机会永远是留给最渴望的那个人，学会与内心深处的你对话，问问自己，想要怎样的人生，静心学习，耐心沉淀。”

现代社会生活节奏非常快，人也容易变得浮躁。太多不真实的一夜暴红或暴富的神话，让我们忽略了成功者背后付出的艰辛，太多现实和无奈分离的故事，让我们难以用心去经营一段感情。那些有意无意的炫耀，让我们失去了内心的平静，我们变得急躁和迫不及待，我们急于成功，急于证明自己，我们妄图一步登天、迫不及待让我们忘却了脚踏实地，忘却了“不积跬步，无以至千里”，忘却了“非宁静无以致远”，忘却了“梅花香自苦寒来”，忘却了“宝剑锋自磨砺出”的古训。

一旦事与愿违，我们又会变得爱抱怨，抱怨生不逢时，抱怨不是富贵二代，抱怨天赋平庸，抱怨命运不济，抱怨领导有眼不识金镶玉，抱怨朋友都是势利眼。殊不知，抱怨只会让自己坠入无边的痛苦深渊。人有说：“抱怨是败德之行，抱怨让人忧愤丧志，抱怨让人生恨结仇，所以，一旦心中有了抱怨的念头，应该及时反省，你若笃定，人生便不浮躁，你若勤恳，福报自然接踵而至。于你而言，踏踏实实地扎下根来，老老实实地学习，兢兢业业地耕耘，收获就算不在当前，也会在未来时机成熟的那一刻。”

6. 你拥抱了梦想，岁月终将回报你以美好

当你拥抱了梦想，你的梦想就会在现实中生根发芽，只要你愿意坚持成长，岁月终将回报你以美好，到那时，也是你梦想实现的时刻。

我们很多人都有一个梦想：希望过着田园牧歌般的生活，还要兼顾

时代、实现自我价值，然而，关于这个梦想，大多数人敢想却不敢做，何东贵大胆拥抱了这个美丽梦想，并且岁月回报他以极大的美好。

何东贵的家乡是全国知名的旅游城市，可是，他所在的乡镇却并没有被开发出来，看着家乡的好山好水，还有独特的手工艺品，何东贵突发奇想：我们乡镇有那么多古寨、美丽山水和漂亮手工艺品，其实也是可以开发成旅游景点的。因此大学毕业后，何东贵回到了自己家乡，他先在市里的一家旅游公司打工积累实践经验，等熟悉了产品和业务之后，他开始回到自己家乡筹划旅游开发事项。当你拥有了一个美好的梦想，你就会发现，你在实现梦想的途中，不断会有人帮助你、支持你。镇上的领导听了何东贵的项目计划，十分认同，于是他告诉何东贵，他们会全力帮助他一起打造这个项目。从那之后，何东贵跑政府、跑市场、写商业计划书、融资、建设新景点、开办加工厂，等等，他的梦想在一点点地实现。

如今，何东贵领导下的新的旅游项目开始运营了，很多村民因此受益，何东贵也因此在家乡的好山好水之间找到了生活的美好。

梦想从来就是这样，你拥抱了它，你就能收获美好，你排斥它，觉得它从不存在、虚无缥缈，那么它也不会出现在你的身边。

灵灵常常想，人毕竟是有思想的，不能沦为金钱的奴隶，所以人活着总是要有点精神追求的，她从小热爱写作，尽管在这方面天赋也不高，可是这是自己的一个梦想，她愿意为之坚持到底。然而，她大学学的是商务管理专业，这个专业是从商的爸爸帮她选的。

生活的道路总是迂回曲折的，既然没有天赋，那就去学，勤能补拙。因此，毕业之后，灵灵坚持要去图书公司应聘编辑一职，面试了好几家公司，都未被录用。

最后在郊区的一个居民楼里，她找到了一份文字编辑的工作，面试的时候，老板拿着灵灵的测试结果说：“写得还可以，但是离我们的要求还有些距离，不好意思。”

灵灵怀揣着一份并不出彩的履历，好不容易碰到一个对自己稍微认可的老板，立马恳求道：“我很喜欢这个工作，您给我一个机会让试试好不好，我一定会加倍努力的。”

老板看灵灵一腔热情、态度诚恳，于是就同意给她机会试试。争取到了来之不易的机会，灵灵加倍努力工作，她每天积极主动工作，勤思考、多请教，工作之余也是全情地扎在书籍的海洋里。

现在，灵灵出了自己的书，开了自己的专栏，梦想在坚持中一点一点地实现，这份梦想带来的美好让她的内心充满自信和从容。

当你拥抱了梦想，你的梦想就会在现实中生根发芽，只要你愿意坚持成长，岁月终将回报你以美好，到那时，也是你梦想实现的时刻。

徐航爱笑、微胖，是个典型的“吃货”，他从小跟着妈妈学做一些地方特色小吃，随手做出一两道美食不在话下，他说：“我的梦想很简单，就是开一家特色小吃店。”

毕业后，他就去各种小吃店打工，学习天南地北各种小吃的做法。独特的天赋，加上肯学敢干，几年后，他用积蓄与一些朋友合作，在市区里一个商业广场开起了一家独具特色的风味小吃美食店，店里人来人往，生意非常火爆。因为梦想，所以热爱，于是一切进行得美好而又简单，这个美好的梦想就这样水到渠成了。

人类因梦想而伟大，那些举世瞩目的成就无一不是在梦想中诞生的。有梦想的人，活着就是一种慷慨，拥有梦想的你，将来必将了不起，你拥抱了梦想，人生将会在不同角度下绽放耀眼光芒，你拥抱了梦想，岁月终将回报你以美好。

第四章

青春就是为你实现梦想准备的

或许你早就拥有自己的梦想，但看到自己除了年轻外，几乎不具备其他实现梦想的条件，因而自信不起来。你这是走进了误区。其实，青春就是为你实现梦想准备的。在追求成功的道路上，年轻是你最大的资本。坚强的你拥有青春，只要不断成长，你的梦想最终就一定会实现。

1. 青春，就是你实现梦想的资本

很多时候，我们努力并不是为了过上多么值得炫耀的生活，青春不是攀比，不是虚荣，不是为了能赢过别人，青春只是为了开心无悔地度过每一天，是期望当下的自己能赢过昨天的自己，活成自己期望的样子而已。

青春是什么？青春是最美好的金色年华，它生机勃勃、绚丽多姿，它是最富想象力的季节。

青春是什么？青春是最激荡的奋斗人生，它风华正茂、浪遏飞舟，它是最富有创造力的生命阶段。

青春是什么？青春是明媚灿烂的夏日，有烈日，有阵雨，也有彩虹；有鸟叫蝉鸣，有花朵芬芳，也有树木郁郁葱葱。

同学茉莉出生在偏远的山里，山里没什么可以谋生的方式，乡里的成年人都去外地打工了。茉莉的爸爸和妈妈在茉莉很小的时候就去东莞打工了，因为没读过书，茉莉爸妈知道知识的可贵，所以他们一直鼓励茉莉要好好念书，告诉她知识可以改变命运，再不要像爸妈这样过着辛苦的日子。茉莉说，因为奶奶年迈，她整个小学期间，每天都要上山打猪草，喂猪，平时还得帮忙干农活。后来她上中学了，因为离学校远不得不念寄宿，每个礼拜要走上六个小时的山路，才能到达镇上的中学。她每个礼拜的零花钱只有两块钱，所以她从来不买零食，也不买新衣服，就穿妈妈的旧衣服。

生活的艰辛，让茉莉早早地成熟，茉莉是我们班上最努力的学生。每天吃完饭，她就会回到教室坐在座位上学习，不是背英语就是做练习题。她没有钱买更多的复习资料，只好把书本上的例题和考试的试卷反复练习，达到最熟练为止。晚上下自习，她还留在教室不走，一直到熄灯。熄灯后她回寝室，只要寝室不熄灯，她还是会抽空看看书。

现在回想当初的我，懵懵懂懂，整天只知道玩，根本没有想过什么父母的艰辛和知识改变命运的话题。而茉莉早早地就知道应该努力学习，因为读书是唯一改变命运的机会，除此之外，她别无选择。

功夫不负有心人，最终，茉莉考上了省里的师范大学，后来应聘成功，当上了我们县里一所中学的语文老师。后来，她结婚生子，在城市定居。在村里人看来，茉莉可是山窝里飞出来的金凤凰。可是在我们这些在外面漂泊的同学们看来，在小城市做着安于现状的教师职业过于乏味、平常了。

同学们纷纷扼腕叹息，感叹茉莉浪费才华和青春，以为勤奋努力的茉莉会像大家以为的一样，去做个女强人，争取更加轰轰烈烈的生活和成就，起码也会在职场上大显身手，叱咤风云。茉莉说：“我最初的梦想就是为了改变命运，现在我可以有更多选择了，不管在哪里，我都不会害怕了，我觉得我有能力让自己生存得很好，并实现我的个人价值。同时，我努力念书考大学，是想丰富我的知识和人生，是希望自己不管以后从事什么工作，都有一定的深度和不同的视角，能够做出独特的贡献；我希望我的家庭和我的孩子，会因为我的存在而有不一样的情调和素养。难道只有身居要位，在某个领域呼风唤雨，成为佼佼者才是成功吗？难道平凡的岗位就不能创造奇迹吗？我认为的青春在哪里都不会浪费，只要追求心中的所想，只要能发现平凡之中的不平凡，去贡献自己的力量，燃烧自己的激情，这就是我要的青春。”

原来是我们太庸俗了，她的青春和才华丝毫没有浪费，她不仅摆脱了平凡农妇的命运，还将创造更好的价值，教书育人，桃李满天下，她独特的价值观会更好地影响她的学生，她的青春热血抛洒在她挚爱的校园和家庭里，她活得充满而又美好。

很多时候，我们努力并不是为了过上多么值得炫耀的生活，青春不是攀比，不是虚荣，不是为了能赢过别人，青春只是为了开心无悔地度过每一天，是期望当下的自己能赢过昨天的自己，活成自己期望的样子而已。

拥有青春的你，如果志在四方，那就勤奋学习、努力奋斗，创造辉煌成就，你可以像孔子那样“十有五而志于学，三十而立”，创立儒学，功在千秋；也可以像诸葛亮那样，志存高远，安邦定国，指点江山，纵横天下；还可以像老男孩那样，勇敢追梦，坚持不懈；当然还可以像年轻的支教老师那样，奉献青春，传播知识与爱心。

拥有青春的你，如果想陪在家人身边，那就一心一意、踏踏实实，为他们创造美好的生活，平淡的生活照样可以创造不平凡的成就，不要妄自菲薄，请相信自己，是金子在哪里都可以发光。

青春是你整个人生精力最充沛的时段，你可以任性地肆意挥霍，像韩寒说的那样，青春是场旅行，你想做什么就做什么，只要你愿意。可是，生活无论是哭或笑，是颠沛流离还是曲折离奇，有风有雨，还是有辛酸有无奈，青春都应该是充满阳光正能量、积极有活力的，我们都应该感谢时光，拥抱青春，跟青春说一句：“青春你好！”

最欣赏三毛的这句话：“即使不成功，也不至于成为空白。”人生是一场没有返程的旅行，青春是旅行中最珍贵的片段，在最美的年华尽全力歌唱、舞蹈，参与和尝试过的人，即使没有成功，也不至于一片空白。

2. 1% 的坚持，也可以换来100% 的结果

没有梦想和目标的人，工作3小时也会喊累；有梦想和目标的人，工作12小时，依然激情饱满。有梦想不太难，难的是能永远保持这份永不言败、永远进取的初心。千万不要低估你实现梦想的能力，1%的坚持也可以换来100%的结果，只要你有毅力和决心。

前段时间，一封宁波父亲写给即将上北大儿子的信风靡微信朋友圈，在这封信里，我们看到了一个有主见、独立，对人生方向有着清晰把握的孩子，更看到了一个勇于坚持热爱、挑战自己，对目标锲而不舍的孩子。

这个孩子被保送进入镇海中学后的前一年半，综合成绩一直在全年

级的30—80名之间徘徊，他平时喜欢看化学类专业书籍，说国内的所有大学只看得上北大，因为北大化学院非常牛，大人们听了都把它当作小孩子的话而一笑了之，认定他能进复旦交大已经算非常成功了，北大？太遥远了。高二下半学期的某一天，这个孩子说要去走化竞这条路，说一定要进北大。

孩子妈妈为此三天三夜没睡好，爷爷奶奶也急了，班主任也来找家长谈话了，所有人的意见都是：走化竞之路进北大，成功的可能性只有1%；一旦失败，别说复旦交大，估计连浙大都进不了，所有人都劝他放弃，安安稳稳地考个复旦、交大或浙大。但他始终坚持自己的想法，不肯妥协，昔日的乖孩子仿佛一夜之间变成了一个叛逆的小孩。他流着泪说："我喜欢化学，我喜欢北大，我也知道我背负的压力。如果我失败了，我也毫不后悔，毕竟我努力过了！你们为什么不支持我？"

见到他如此执着，家长们最终同意他所挑战的"不可能完成的任务"。

他要走的路很艰巨也很漫长，首先必须在八月底的全国初赛上拿到一等奖，才有资格参加十月份的省队选拔赛；接下来他必须在省队选拔赛中取得前14名的成绩才能进入省队；所有过程一步不慎，就将前功尽弃；就算能进入省队，接下来还有全国竞赛在等着他，而要取得这样的成绩，他就再没有一丝时间去进行正常的语文、数学、英语等其他科目的学习。

就在这样的背景下，这个孩子开始了他的化竞之路：他放弃了所有的兴趣爱好，开始埋头在堆积如山的化学竞赛书籍之中，就这样，他一个人不分白天黑夜地一头扎进了自己的化学世界里。

不仅如此，预期中的压力接踵而至，他的综合成绩排名从全年级的30名掉到了200多名，他开始变得沉默寡言，最难过的时候会去弹一下多年没去摸过的钢琴，在那半年时间里，全家人也都跟着焦虑不安，不过他们都绝口不提与学习相关的事情，家人希望能尽量减轻孩子的压力。

五个月后，他在“全国化学竞赛初赛”考了全省第20名，获得了省队选拔赛的资格。考试结束后，北大招生办跟他签了协议：高考分数线降低60分录取。那一刻，所有人都很兴奋，老师建议他见好就收，省出时间把各科成绩再抓上去，凭他的资质，重新努力，再加上60分的优势，进北大的希望很大。因为如果再进一步考省队甚至再参加全国竞赛的话，一旦失败，就没有补课的时间了，最后连60分的优势都会化为乌有。这个孩子的回答是：“北大老师给我降了60分，是希望我能再接再厉，鼓励我去争取更好的化竞成绩；如果我就此退出，那就是欺骗，就是辜负。既然我决定走这条路，那我必定走到底！”

功夫不负有心人，全国化竞决赛他得了银牌，北大招生办又向他抛出了橄榄枝：高考分数线降至一本线录取。所有人都欢呼雀跃，他的化竞之路就此告一段落。

好事多磨，就在大家还沉浸在喜悦之中的时候，北大老师说：“考上一本线，可以进北大，但具体什么专业还要看你的高考成绩。也就是说，如果你高考考不了高分，那很有可能进不了化学院。”此时，距离高考仅有6个月时间。

这个孩子没有说一句话，默默地收起了化竞书籍，拿出了数学、语文、英语书，开始了他最后的冲刺，最后的6个月，他废寝忘食，书不离手，可喜的是，他的名次开始一点一点地往上升。但究竟要考到多少分才能进化学院，谁心里都没底。6月22日，高考分数揭晓，732分。

一个十几岁的孩子，能有自己的梦想，并且敢于给自己定下一个在外人看来很难实现的梦想，已属不易，更让人钦佩的是他即使背负着巨大的压力，依然能始终坚持自己的梦想，把梦想分解为实实在在的计划，并将计划付诸行动，心无旁骛，全力以赴，最后他用实力证明了自己。

青春大概就是这样，大胆地走出去，义无反顾地付出，享受风霜雨雪的洗礼，练就一颗忍耐、豁达、睿智的心，敢于付出，幸福才会到来。鸡蛋，从外打破是食物，从内打破是生命。人生亦如此，从外打破是压力，从内打破是成长。

没有梦想和目标的人，工作三小时也会喊累；有梦想和目标的人，工作十二小时，依然激情饱满。有梦想不太难，难的是能永远保持这份永不言败、永远进取的初心。千万不要低估你实现梦想的能力，1%的坚持也可以换来100%的结果，只要你有毅力和决心。

3. 你不断地学习，一定能成就了不起的自己

学习不是只限于学校课堂里的事，它是我们每天的必修课。我们不仅需要掌握知识，还要在实践中学习，在每件事中汲取经验，这样我们的能力才能得到进一步提升。

公司大客户经理小丽一肚子学问，博览群书，引经据典，文案策

划，商务谈判，养生保健，网络时尚，都有所涉猎，说起话来头头是道，同事们都喜欢听她讲话，巴不得她多说话，好传授更多新颖的观点和知识让他们增长见识。小丽的助理私下里问她："你怎么那么厉害，什么都懂?" 小丽把自己的亲身经验告诉了她的助理。

大学毕业之后，小丽去一家建筑美学杂志社面试编辑一职，跟她一起面试的还有一个已经有两年编辑工作经验的女生。面试官看完简历之后，问了一下他们俩过往的工作经验，然后让他们谈谈对建筑美学的认识，随便说一下都行，结果小丽和另外一个应试者简单浅薄的见解让面试官很失望。面试官最后面露难色，语重心长地说："你们没有经验也好，经验不够丰富也罢，我们最关键的是看你的综合素质，看你的文化素养和学习能力，你们以为大学毕业就不需要学习了吗？毕业只是一个开始，学习是永远不能停止的，以后无论你们在哪工作，不管是增长知识的宽度还是深度，总是得不断地进取，所谓活到老学到老，就是这个道理。"

小丽和另一个女孩面红耳赤，从此以后她们谨记这位前辈的教诲，多读书，多学习，培养自己的学习意识，丰富自己的见识与视野，锤炼自己专业的深度与宽度，她们发现，一分耕耘一分收获，晚上 6 点到 12 点间做的事情，真的决定了他们的未来。

尤其在知识不断更新的 21 世纪，一个人如果不想被时代所抛弃，就必须不断地学习，不断地增加自己的学识。就像《礼记·学记》中说的："学然后知不足，教然后知困，知不足，然后能自反也；知困，然后能自强也。"我们在不断的学习中，必定会遇到许多疑问，这样我们就会去请教或者去查阅，由此我们就能学到更多的知识。如此循环下去，知识就会不断地积累，从而变得深厚。所以，学习是永无止境的。

科学家霍金小时候的学习能力并不突出，他很晚才学会阅读，上学后在班级里的成绩从来都排在10名以后，而且因为作业马虎潦草，老师们并不看好他，班上有两个男孩子甚至用一袋糖果打赌，预言霍金永远不会有所作为，同学们还带有讽刺意味地给他起了个绰号叫“爱因斯坦”。出人意料的是，20多年后，当年不起眼的小男孩真的成了享有国际盛誉的伟人之一，被称为在世的最伟大的科学家之一。

是什么让霍金的变化如此之大呢？原来，随着年龄的增长，霍金开始对万事万物怎样运行十分感兴趣，他经常把东西拆散以追根究底，不过对于组装回原样他却一筹莫展，霍金的父母没有因此而责罚他，反而用数学和物理学教他各种原理。慢慢地，霍金发现自己对物理学方面的研究越来越有兴趣，尽管物理学的知识显得枯燥乏味，但他却孜孜不倦，即使后来不幸患上了会使肌肉萎缩的卢伽雷氏症，身体严重变形到只有三根手指可以活动，他不能说话，看书必须依赖于一种翻书页的机器，他也没有放弃自己的求学和探索之路，人类中居然有以这般坚强意志追求终极真理的灵魂，人们从内心产生深深的敬意。

人类社会进步的创新精神无一不是需要有钻研学问的态度，学好基础知识，提高基础本领，夯实基础研究。

学习不是只限于学校课堂里的事，它是我们每天的必修课。我们不仅需要掌握知识，还要在实践中学习，在每件事中汲取经验，这样我们的能力才能得到进一步提升。

成功绝对不是偶然，所有成就都是源于我们持续不断的学习，你为什么还没有取得好的成就？原因就是因为你缺乏持续不断的学习能力。

列宾说，灵感不过是“顽强的劳动而获得的奖赏”，其实，灵感还可以是“顽强的学习而获得的奖赏”。

生命不止，学习不止。利希顿堡说：“当你还不能对自己说今天学到了什么东西时，你就不要去睡觉。”学习可以是为了理想，也可以是为了填补空洞的心灵，还可以是一种意境，细细品味，乐在其中，总之，学习永远没有止境。

4. 你为梦想拼搏，是为了成就自己独特的人生

江南小镇有江南小镇的悠闲自在和小桥流水，繁华都市有繁华都市的绚丽多姿和车水马龙，人生处处皆风景，所有选择和生活都是一种经历，它不会浪费，无悔也罢，怨恨也罢，它都是你独有的人生。

表姐生性要强，从小有主见，坚持自己的想法，执着追求自己想要的人生和爱情，今年 35 岁了，父母亲戚朋友都替她着急，劝她赶紧找个人嫁了，但是她不想将就，说什么也要找到她认为可以结婚的男人。

有一天，表姐突然给我发了这段文字：“二十几岁的时候，千万不要花精力和时间去犹豫和纠结什么选择是最好的，因为没有人知道。有想法就大胆地去尝试：感受不同的生活，多尝试工作类型，多读书，多旅行，多谈恋爱，多结交朋友，把这些该交的学费都交了。如此一来，三十岁以后，你才有可能从容不迫地过自己想要的生活。”

她说她看到这段文字，泪如泉涌，或许随着年龄的增长，内心也开始动摇了，也开始有恐惧了，不然她不会有感慨的。她说，自己只是看上去很坚强，其实曾经也非常忐忑，犹豫不决，面对很多次的机会和缘分，她都左右为难，费尽心思却还是因为一些瑕疵和感觉误差最后选择放弃，这样一拖，不知不觉中自己就成了大龄剩女了，看到这段文字之后，她觉得自己好像开始后悔了，后悔当初不该畏手畏脚、犹豫不决，以至于自己的青春一点也不精彩，没有奋不顾身的爱情，也没有说走就走的旅行。

我说："其实，纠结也罢，犹豫也罢，都是你的经历；奋不顾身也罢，轰轰烈烈也罢，也都是你的经历。是经历，怎么都会有所收获，虽然你没有收获爱情和婚姻，但是你收获了事业和成长，你看你工作游刃有余，四处出差主持活动，开阔了视野，增长了见识，现在的你明显比刚出来工作的时候自信多了，甚至可以称得上是女强人，做个女强人也没什么不好，有经济有能力，想要什么自己都可给自己。而且最关键的是，说不定你还可以找到更好的，因为真的没有人能断定未来是怎样的，已经做出了选择，那就顺其自然，随遇而安，自在洒脱才是人生应有的态度。"

江南小镇有江南小镇的悠闲自在和小桥流水，繁华都市有繁华都市的绚丽多姿和车水马龙，人生处处皆风景，所有选择和生活都是一种经历，它不会浪费，无悔也罢，悔恨也罢，都是你独有的人生。

所有人的生命只有一次，青春也只有一次，工作之余，多读几本有益身心的书，培养一些闲情逸致，让自己变得从容淡定，像有人说的那样："不做无为之事，何以遣有涯之生？"给自己的心灵安一个家，让自己保持自我、本我、真我。控制物质欲望，不急躁，无用方得从容，洁净如初的心灵及丰富多彩的精神世界才能成就百毒不侵的自己，心没病，身体自然安康。

卞之琳说：“你站在桥上看风景，看风景的人在楼上看你。”我们总是容易站在自己的幸福旋涡中不自知而不自觉地羡慕别人的幸福，在生活的风雨旅程中，当你羡慕别人锦衣玉食时，也有人羡慕你衣食无忧；当你羡慕别人是人生赢家的时候，也有人羡慕你靠自己的能力在城市有了立足之地。

幸福经不起比较，胸襟豁达的人才能做自己的主人，如果不能做到像范仲淹所说的“不以物喜，不以己悲”，至少也应该保持快乐和勇敢，不管面对什么遭遇，贫穷也好，挫折也好，不幸也好，都不能让你迷茫、不知所措。把一切当作经历，身心感觉会完全不同，悲观者慨叹时日不多，乐观者相信这一切才刚刚开始。因此，珍惜当下拥有的一切，努力把握每一天，不盲目攀比，不急躁，不斤斤计较，脱离低级趣味，脱离狭隘自私，享受生活的点点滴滴，不为名利所累，保持这样一份从容不迫的心态，才是人生最大的财富。

一生辗转千万里，莫问成败重几许，得之坦然，失之淡然，与其仰望别人的辉煌，不如亲手点亮自己的心灯，扬帆远航，把握最真实的自己，才会更深刻地解读自己。

5. 灵魂不会起皱，心中有梦想就永远年轻

青春诚然美好，可是虚度光阴，再美的青春也会褪色。正值青春年华，就好好享受青春所带来的一切美好和幸福，倘若白发生，也不要伤感叹息，真正属于青春的，永远是那颗不老之心。

年轻是一种状态。你以为只有年龄20—40岁之间才是年轻吗？那你就错了，只要心态好，愿意尝试，依旧有梦，你就总是年轻的！

有位摄影师寻找到了一群老年人，他们中间最小的都有六十岁，最大的超过百岁。他们很特殊，因为他们在垂暮之年，却做着年轻人才能做的事情。

他们中，有65岁决定当一名滑板运动员的滑板高手；还有68岁开始决定当一名DJ的时尚老人；还有85岁开始攀岩，现在100岁还在攀岩的攀岩达人；还有从70岁开始练习脱口秀十年的脱口秀演员；还有80岁开始练习跳芭蕾舞的现年已92岁最爱跳芭蕾的老人；有102岁致力于自行车运动的运动健将。

岁月可以使皮肤起皱，但不会让灵魂起皱，只要你的热情不减。所以，年轻人，别总是一副老气横秋、饱经沧桑的样子，更别说自己不行，他们垂暮之年还依然坚持年轻人的兴趣和爱好，并且挑战自己，而你还有什么理由去强说愁呢！

有那么一个阶段，阿娇特别羡慕那些擅长吹拉弹唱的人，于是自己也特别想学习一门乐器，培养自己的兴趣爱好。一时冲动，阿娇就报了古筝班，从零开始，学习弹古筝。学习了之后才深刻领悟到“台上一分钟，台下十年功”的道理。古筝老师很诚恳地对她说：“你真的想学古筝吗？学一门乐器不是一蹴而就的，你要想清楚，你是真心热爱古筝吗，千万别耽误了工作。”领导知道了她在业余学习古筝的事情，只淡淡地说了一句：“你确定要在这么忙的职业上升期学习一门乐器，你忙得过来吗？”闺蜜直接说：“学那玩意儿干嘛？老了有的是时间让你去学。”虽然直到现在阿娇还是认为职场人士也可以学乐器，但是她不得不承认，她动摇了，因为她发现她想弹得一手好古筝，只是虚荣心作祟而已，就像叶公好龙，并非真心喜爱。再看看这些老人，七八十岁了还像年轻的体育健儿一样，十年如一日地坚持练习，这样的坚持才能谈得上是真正的热爱，他们的内心比谁都年轻，因此他们的灵魂不会起皱。

于是，阿娇重新回归职场，她说职业技能需要提升的地方太多了，业余时间不能浪费啊，于是她报了培训班，参加沙龙，有空就看书，增长知识，开阔视野，她发现，提升职业的专业深度和宽度才是她真正热爱且乐此不疲的。

年轻是一种心态，心态好，90 岁也不会觉得老，要相信，现在过的每一天，都是此生最年轻的一天，请不要人未老心已老。

61 岁的林青霞是一个时代的回忆，2015 年，淡出荧屏二十年后的她，重新回到荧幕前，她说 60 岁以前，她害怕观众看到她将老去的样子，不想再回到荧幕前。60 岁之后，她找到了重生的感觉。她已经不在意自己是否漂亮，也不在意别人怎么评价她，她接受了真正的自己，也愿意展示真实的自我。她参加了湖南卫视的《偶像来了》，1 天 10 多个小时，多部摄影机对着她，她也不害怕，她比年轻的时候更从容放松。林青霞还说，其实她现在很后悔，年轻的时候不懂得珍惜，不懂得欣赏，有时看看以前的照片，那时候那样年轻、那样美，为什么不去享受和珍惜，自己不欣赏自己，然后拼命钻牛角尖，钻得自己好痛苦。所以她现在常常提醒自己，一定要好好珍惜现在拥有的，活在当下，不要再伤春悲秋。

青春诚然美好，可是虚度光阴，再美的青春也会褪色。正值青春年华，就好好享受青春所带来的一切美好和幸福，倘若白发生，也不要伤感叹息，真正属于青春的，永远是那颗不老之心。

6. 你热爱生活，青春的逝去就没什么可怕

世间有很多遗憾，时光的长河奔腾不息，一去不返，趁时光正好，趁你还在，珍惜你所拥有的一切，爱要勇敢地表达出来，切莫让所爱之人在等待中渐渐远去，直至无可挽回。

老同学聚会，一个男同学调侃说，女同学们都成了明日黄花。一个女同学立马变得特别激动，站起来煞有其事地说："你才是明日黄花，我们坚决不会承认自己是明日黄花。"

男同学看女同学话锋突变，一下竟无言以对，只能弱弱地说了一句

“我是枯藤老树”。

旁边的女同学提醒这位女同学说：“开玩笑呢，那么较真儿干嘛!”

女同学笑着说：“我没跟他较真儿，我跟自己较真儿呢，我们女人啊，就算年纪大了，也不能说自己的明日黄花，何况我觉得我们不大啊，才30出头而已，女人的心态和状态很重要，一定不要妄自菲薄，这样才能活出年轻的状态，男人更是如此，必须朝气蓬勃，不能人未老心已老。人啊，心一老，就没有斗志了，也做不好事情了。”

人生和时光是很玄妙的东西，你说它漫长它就是很漫长，你说它匆匆，它也确实很匆匆，其实只在乎感叹之人的心境而已，我们要试着让自己坚信，时光还在，我们依旧年轻，而老气横秋地度过余生才真的是漫长。

作家桐华说：“请相信，那些偷偷溜走的时光，催老了我们的容颜，却丰盈了我们的人生。请相信，青春的可贵并不是因为那些年轻时光，而是那颗盈满了勇敢和热情的心，不怕受伤，不怕付出，不怕去爱，不怕去梦想。请相信，青春的逝去并不可怕，可怕的是失去了勇敢的精神和热爱生活的心。”

一生创作了无数经典歌曲的左宏元老师和庄奴老师，一个85岁，一个93岁，如今比邻而居，还在坚持创作新的歌曲，他们两个人惺惺相惜，说要写到没有力气为止。有理想的人总是充满能量，50年来笔耕不辍的琼瑶阿姨在回应封笔之说的时候也坚定地回答道：“我会一直写到没有力气写为止，我是一个写作欲望很强的人。”

时光改变了他们的容颜，却无法改变他们坚定的自信心，所以，他们依旧是年轻的。

时光改变不了我们的精神，也改变不了我们的情感。

有一个女孩和一个男孩，两小无猜，从小生长在一个院子里，他们一起上学放学，一起玩耍，一起长大，懵懵懂懂的年纪，两个人互生情愫，可是谁也没有说出口。初中毕业那年，因为双方家长的不和，两个孩子从此各奔东西。

时光荏苒，50 年后，男孩回到最初的村庄，找到几十年未见的女孩，告诉她，他一直没有忘记她，能不能给他一个机会，让他完成这一段爱情故事。女孩泪雨滂沱，牵起男孩的手，50 年前的片段从此串联上了。

世间有很多遗憾，时光的长河奔腾不息，一去不返，趁时光正好，趁你还在，珍惜你所拥有的一切，爱要勇敢地表达出来，切莫让所爱之人在等待中渐渐远去，直至无可挽回。

世界因为有了各种各样的情感才显得温暖、珍贵、独一无二，恩重如山的亲情，高山流水的知音，不离不弃的爱情，无一不在时光里变成了永恒。

时光还在，你还在，感动还在，岁月依旧温暖如初，热烈如初。

第五章

为了过想要的生活，你付出点努力算什么

没有奋斗过的成功一文不值，没有努力过的收获算不上成功。追求想要的生活，是每个人天赋的神圣使命，是其人生无法回避的任务。你无论现在过得如何，内心总有个“过想要的生活”的目标，但你要清楚，为了过想要的生活，你付出一点努力算什么，你这点挫折算什么，你这点坚持又算什么。

1. 没为梦想而努力过，你的青春将一文不值

天下没有免费的午餐，想要收获就得付出，努力能证明自己可以做得更好，努力会获得更多可能，努力的人充满力量和正能量，努力是积极地争取，不努力就会被淘汰。

高雅天生丽质，追求者众多，同事每每看到她加班加点的时候，都会跟她开玩笑说：“明明可以靠脸吃饭，偏偏要靠实力。那么努力干嘛，长那么漂亮，找个好男人嫁了比什么都强。”

在很多人看来，长得漂亮就是资本，干得好不如嫁得好，找个好男人嫁了，这辈子就不用拼命奋斗了，就好好地在家貌美如花就行了，何必还拼死拼活，劳碌奔波呢？

而高雅每每听到这样的话语，就会微笑着回应：“可别这样说，我要凭自己的实力吃饭，你可别助长我懒惰的心理。”

因为积极努力的人生态度，同事们都很喜欢这个漂亮的小妹子。

后来，高雅恋爱了，男友是个富二代，也是个 IT 新贵，在高雅面前，他优越感十足，高雅感觉自尊心有点小受伤，即使是自己过于敏感多疑，但这种没有价值感的存在也让自己很不舒服。

一次激烈的争吵之后，高雅愤怒地提着箱子逃离了男朋友住所，她发誓一定要赚得一套自己的房子，以摆脱这种深夜无家可归的凄凉。从此以后，高雅更加努力地工作，拼命地赚钱，每一个项目，她都全情投入，骄人的业绩让她很快升职加薪，她把攒下来的所有积蓄都用来支付一套公寓的首付，不需要男友的丝毫帮助。高雅说，虽然辛苦却很快乐，年轻就该为自己负责，否则青春将多么乏味，尽管每个月有几千块的房贷在等着她，但那种为梦想努力的过程让她过得充实又自在。

这个倔强又自尊的漂亮女孩为什么这么努力？因为她有自己的梦想，她不想虚度青春年华，她不想在年老的某天感叹自己的青春一文不值，她渴望实现自己的价值，渴望自己发光发亮，用自己的光芒证明自己曾经努力过、拼搏过。她懂得内在的提升比外貌更重要，她想要平等地站在爱人身边，坦然地面对自己的爱情，不依赖对方。她努力是为了保持自己人格与经济的独立，努力是为了活出自己的精彩，自己想要的自己给，努力也是为了让所爱的人轻松幸福，父母劳累了一辈子，难倒还要向他们索取吗？努力还能培养孩子的责任心，让他们耳濡目染地学会自强自立。

努力是一种状态，也是一种责任。不管是工作岗位上还是在家庭角色中，努力是你的职责，这是一种担当，它和性别无关。

我们都学过经济基础决定上层建筑这一基本理论，纵观国内外的历程，无一不应证这一点，从家庭层面来说这个道理也是行得通的，人们常言，贫贱夫妻百事哀，家里多一个劳动力总是好的，至少多一份收入来源和保障，因为你想要的所有高档消费和有质感的生活都是建立在经济基础之上的。

网上流行着这样一个段子："很多人会问，一个女人干嘛这么重视工作？我想：努力地工作，为的就是当站在我爱的人身边，不管他富甲一方，还是一无所有，我都可以张开手臂坦然拥抱他。他富有，我不觉得自己高攀，他贫穷，我们也不至于落魄。这就是女人去努力的意义，没有公主命，那就必须有一颗女皇的心！靠父母，你最多是个公主；靠老公，你最多是个王妃；靠自己，你就是真正的女皇！"

女人况且如此，男人是不是应该加倍努力呢？

这个社会对男人的要求更加苛刻，背负在男人肩上的责任太多了，他是家里的顶梁柱，他上有老下有小，父母需要他的陪伴，爱人需要他的关爱，小宝贝需要他的呵护；他还得有自己的事业，因为只有可靠的经济来源才能保证家人衣食无忧，才能成就自己的梦想，才能实现自己的价值；他还得坚强，不能懦弱，因为他是榜样，他就是那个顶天立地的好男人。

人生注定是一场厮杀，一如逆水行舟，不进则退，为什么要这么努力？因为天下没有免费的午餐，想要收获就得付出，努力能证明自己可以做得更好，努力会获得更多可能，努力的人充满力量和正能量，努力是积极地争取，不努力就会被淘汰，为什么还要这么努力，道理就在于此吧！

2. 有价值的喜悦，都是从勤劳中获得的

懒惰的人永远无法体会“累”中的“快乐”，因为没有付出就没有收获，也就品尝不到收获的喜悦。

思言是三个孩子的妈妈，也是一位保险经纪人，大家都叫她“女超人”，因为她总是在奔走忙碌。精力充沛的她，家庭和工作两不误，她的每一天都很充实，她乐此不疲。

清晨，思言会用爱心准备好一家人的营养早餐，然后送三个孩子去学校，再化个漂亮的妆容，穿上精致职业装，拎上有质感的包包，美美地赶到公司上班，她每天全情投入的工作，每个月漂亮的业绩让同事们艳羡不已。行走在办公室和家里之余，她还进入商学院进修。照顾家人，努力工作，不停地学习，她用她的阳光心态和充满正能量的奋斗，感动了身边的每一位朋友，朋友们都很佩服她，说她是励志对象，也有朋友劝她说：“你家境优越，老公那么能干，何必还那么拼，安心在家带好三个孩子，也是一种成就。”而她就会淡淡地回应说：“能做一些有意义和价值的事，人生也算是完整了。能得到很多朋友对我的认可和肯定，真的很开心。人生的丰满不是你有多少财富，而是你能帮助和影响了多少人，我希望自己能努力、真实地活着，创造更多的社会价值，就算有点累，那也是累并快乐着。”

阿喆说："想起我在家做全职太太的那几年，真的太无趣了，天天就是看电视、睡觉，只在孩子放学回家才会忙碌一下，现在想想，那些无聊的日子，都不知道我是怎么度过来的。如今回归职场了，虽然辛苦，但是那种辛苦所带来的积极进取的状态和用勤劳换来的收获让我每一天都过得充实又快乐。"

作家罗兰说："友情与事业代表着人生两大乐趣，要想拥有这两大乐趣，一是要开朗，一是要勤劳。"开朗的人像阳光般温暖，能映照出彩虹一样的心情；勤劳也很简单，动动手脚，你就会体验到勤劳的好处，就算流汗，心里也会跟吃了蜜一样的甜。

我从前很懒惰，从来不会收拾屋子，房间里到处乱七八糟的，而我还有很多借口说服自己，比方说收拾屋子，打扫卫生太浪费时间，城市的生活节奏那么紧张，哪有时间整理房间之类的，甚至还对伙伴们一尘不染的房间嗤之以鼻。突然有一天，妈妈郑重其事地跟我说："你这屋子乱七八糟的，真的看不下去，你自己看着不难受吗？"我说："我不会收拾。"妈妈回答说："来，我教你，你试试。"

在妈妈的指导下，我先扔掉所有垃圾，还有那些多余的占空间而无用的小物件，然后打水用抹布擦拭书桌和柜子，擦完一遍再用清水擦一遍，再把桌子上的东西摆整齐，然后用扫把把地板上的尘土扫了，又把地拖了一遍又一遍，地板上拖把蹭不到的角落，再用抹布精心擦拭一下，我还把需要洗的衣服和小物件都清洗了一番，最后，汗流浃背的我，看着整洁的房间，看着阳台上迎风招展的衣物开心地笑了，原来一点点辛苦可以换来那么大的成就感，我想大多数忙碌劳累的人们大概也是这样，虽然过程有点艰辛、有点累，但是他们享受这种勤劳的喜悦，勤劳带来希望，就算辛苦也是快乐的，最终必将收获累累硕果。

累并快乐着，那感觉就像旅行，累在一路的舟车劳顿，快乐在沿途无限美景，无限奇妙感受。

懒惰的人永远无法体会“累”中的“快乐”，因为没有付出就没有收获，也就品尝不到收获的喜悦。就算也许付出未必有收获，那种付出之后内心的踏实感也会让你收获一种没有遗憾的满足感。

懒惰是对生活的摧残，懒惰让你无法发现随处可见的美，人生少了那么多美好，也是一种莫大的辜负。

天道酬勤，通常，懒惰的人最终会被别人形容为空有大志或成不了事。因为懒惰的人也没办法抓得住擦身而过的机会，自然无法获得快乐，正如马丁·路德所说：“良机对于懒惰没有用，但勤劳可以使平常的机遇变成良机。”

3. 成功是一种态度，你战胜了自己就不会输

懂得宽慰别人的我们，却不会放过自己，执着于输赢之间，让自己满心疲惫。丢掉功利，丢掉竞争，你会活得很轻松。不求所向无敌，只求问心无愧，战胜自己，才是最珍贵的。

白岩松为我们分享了2012年伦敦奥运会最重要的一句话，叫“影响一代人”。说当时有记者提问：“体育如何影响一代人?”伦敦奥组委

的一位官员回答：“体育教会孩子们如何去赢。同时，教会孩子们如何体面并且有尊严地去输。”

细想一下，这种观念太重要了，体育健儿数以万计，奖牌只有那么寥寥几枚，失败的概率占据绝大部分，只学会赢，不知道如何体面并且有尊严地输，后果将不堪设想。

这种成功的观念和中国的一句古话“莫以成败论英雄”如出一辙，正确地看待成功是当务之急，因为不知从何时起，大家都变得越来越浮躁了，我们急于求成，使劲地抓住成功的目标不放，以为失败是一件耻辱的事情，仿佛失败就是万劫不复，我们忘了人生是一个过程，无论结果如何，是成还是败，参与这个过程的态度和心情才是最重要的。

历史上很多传世人物，并不因其成功得名，反而因为有尊严的失败而获得世人永世青睐。项羽英雄盖世也难免兵败垓下，霸王别姬、乌江自刎，可是世人永远记住了他的男儿气概，英雄胆魄，他虽败犹荣。南唐后主李煜，世人都道他胸无良谋，不善治国，不通政治，最终国破家亡，沦为阶下囚，失败到无以复加，但是彻底的失败，激发了他“问君能有几多愁，恰似一江春水向东流”的感怀，也成就了他艺术才华和文学造诣的盛名，流传千年，被后人学习和咏叹。所以说，失败是成功之母，因为失败也是一种成全。

成功，只是一种态度，体面并且有尊严地输，也是一种成功。我们听到太多“我不在乎你是否成功，尽力就好”之类的话，懂得宽慰别人的我们，却不会放过自己，执着于输赢之间，让自己满心疲惫。丢掉功利，丢掉竞争，你会活得很轻松。不求所向无敌，只求问心无愧，战胜自己，才是最珍贵的。

在职场厮杀了几年之后，王文亮略有小成，此后，他有点自视甚高，目中无人了。跳槽来到新公司之后，以为以自己的资历自然不在话下，一切都可以游刃有余，美美地把方案交给老总之后，坐等赞许与认同，不料，老总直摇头，要求换种风格，王文亮忍气吞声重新创作，心想老板水平真差，他完全不理解我的思路和想法。第二个方案呈上之后，老板劈头盖脸一顿臭骂，然后把修改意见批注其中，王文亮顿时如醍醐灌顶，原来是自己错了。

王文亮带着老总通过的方案跑到客户那边进行讲解，未曾想，客户极为不满，要求重新写一份，王文亮听了客户建议，觉得甚是有理，回去又是一番修改创作，最终方案美美地通过了。于是，王文亮有感，失败才会促进成功，没有失败哪来的进步？没有失败哪来的改进？失败只是一种提醒，它让你可以做得更好，所以，正视失败的常态，也是一种成功。

成功是认识不完美，但力求完美，这是一种兢兢业业、一丝不苟的严谨态度，正如每款经典奢侈品背后都有一个富有创造力、技术精湛的老技工一样。

成功是乌鱼和兔子赛跑，就算赢的概率很低，也要无所畏惧地挑战，并且坚持不懈、不言放弃、把握任何一次机会，哪怕兔子不睡懒觉，兔子赢了比赛，乌龟也要坚持跑完全程，这就是乌龟关于成功的态度，也是我们推崇的关于成功的态度。

4. 别寄希望于谁，你就是自己生活的创造者

你今天的生活，源自于你昨天的态度和选择；而你明天的生活，又取决于你今天的态度和选择。如果我们消极、敷衍地经营我们的生活，生活自然回报我们以焦虑和失望，凡事积极乐观、追求卓越，生活自然也会回报我们以欢乐和希望。

同事琳芳是一个特别有生活情趣的人，她租住的房子不大，但是房间被她收拾得干净整洁，处处点缀着她对生活的情调，一抹复古灯光，一面别出心裁的旅行照片墙，一个舒适温馨的沙发，连窗帘都能体现她独到的品位，她爱读书，喜欢练字，擅长做手工艺品，酷爱摄影，最热衷做饭菜，她说下厨是一种享受，这样的女子，谁娶了都是一种幸福。

她说，生活是自己创造出来的，她欣赏慢生活，因为慢生活也是一种有节奏的、平衡的生活。节奏代表韵律，就像音乐一样，有高低起伏，有慷慨激昂般跳动的旋律，也有行云流水般缓和的乐章，才构成一部完整的音乐。人的生活状态也应如此，有快有慢，快是指面对工作时的高效率，不拖延，体现的是行动力和执行力；而慢是一种内心的状态，即使面对快速变化的社会，坚守原则，跟随内心，不止用眼睛看，耳朵听，还要用心触摸生活，构筑属于自己的生活美学。

我惊叹她在平凡琐碎的生活之中创造出了最美的状态，感受到她用

心装点生活的纯粹，在她的世界里，没有抱怨，只有岁月静好，想过什么样的生活，不用假手于人，自己创造就好了。

小姑是兄妹中最小的孩子，从小备受宠爱，可是婚后却过得不尽如人意，每每伤心委屈她就回到娘家跟奶奶和叔伯们哭诉落泪，奶奶说："六十岁的生命也要自己珍惜，你不能总期望别人给你带来幸福，不要依赖父母，也不要依赖老公，命是自己的，自己好好把握。"直到多年后，经历了生活的大坎坷，我才明白，奶奶说这些话的道理，我们所渴望的爱和生活是绝不可能从自身以外的地方找到的。

生活处处有风景，你若热爱，田园生活也有"采菊东篱下，悠然见南山"的惬意；你若厌恶，夜夜歌舞升平，你也无法开怀。

能创造自己的生活的人，是自信的人，他有一颗豁达和感恩的心，能在逆境中发现生活的美，懂得感恩各种经历，看得开得与失，放得下爱与恨。

从前有一个建筑工匠准备退休了，他告诉他的老板自己年纪大了，不想再盖房子了，他想和老伴安享晚年的生活。老板舍不得他的好工匠离开，恳求他看在多年的交情上再帮忙盖"最后一栋房子"。老工匠勉为其难地答应了，但他的心已经不在盖房子这件事情上了，他对用料再不细心考究，干活也粗心大意，工艺更是马马虎虎。

老工匠终于草草地完成了"最后一栋房子"，请老板来验收。

老板来到房子前面，见到老工匠，手里递过一把钥匙给老工匠，拍拍他的肩膀，诚恳地说："这是你的房子，是我赠送给你的退休礼物。"

老工匠惊呆了，他用毕生最后的精力，却将这"最后一栋房子"盖得如此糟糕，他对自己的所作所为懊悔不已。如果他早知道是在给自己建房子，他肯定不会这样马虎，他一定会用最好的材料、最精湛的技艺，可是一切已经来不及了。

生活也是如此，你今天的生活，源自于你昨天的态度和选择；而你明天的生活，又取决于你今天的态度和选择。如果我们消极、敷衍地经营我们的生活，生活自然回报我们以焦虑和失望，凡事积极乐观、追求卓越，生活自然也会回报我们以欢乐和希望。

对待工作也是如此，千万别以为自己在为别人做事，以为做好做坏一个样，因此敷衍了事，你的每一个行为都在为你的生活添砖加瓦，只要你用心，你就会创造出属于你的“漂亮房子”。

不管是精彩的生活，还是潦倒的生活，那都是我们自己创造的，因为我们的用心和努力决定了我们的未来。

5. 在该奋斗的年纪，你求稳定就是虚度光阴

鲁迅说：“人生最大的痛苦是梦醒了无路可走。”光阴最经不起蹉跎，蓦然回首，如果能坦然面对自己早已被甩开了很远的现实那还好，如果心中还有梦，那就不得不感受痛苦了。

何鹏飞也是那种敢想敢做的人。他 22 岁退伍，后进入了一家国企上班，一成不变的生活让他几乎可以预见 50 年后自己的模样，他觉得这不是他想要的人生。何鹏飞从小就觉得自己是块经商的料，他相信自

己一定可以闯出一片天，于是他打算试一试。家乡的百合进入了他脑海，家乡的百合有三十多年的大规模种植历史，可是却没有充分发挥它的价值，他决定要将家乡的百合事业做起来。何鹏飞的父亲做百合生意二十多年，辛苦一年也就赚几万元，当他听到儿子也要辞职去经营百合，父亲很不理解。何鹏飞告诉父亲，这个行业有巨大的发展空间，商机难得，自己当然不会按照家乡过去的方式去做事，他借来了三百万，开始规模化种植和开工厂进行深度加工。万事开头难，虽然第一年，何鹏飞亏了一百万，可是他得到了经验，探索出了成功的模式，第二年他就赚回来了五百万，之后，他不断学习创新，打造核心竞争力，6年后，他的百合年销售额到达了六千多万元，他还带动了整个村的经济发展和农民大规模就业。

何鹏飞现在想想当初创业的行为还是蛮胆大的，可是如果不是当初那股不甘平庸的劲头，就没有今天小有成就的他，在他身上，我们看到了真正的铁饭碗不是稳定的工作，而是自己的能力。

世界每天都在变，唯一不变的就是变化，所谓稳定，本身就不稳定。那个组织解决一切、政府承包所有的年代，已经一去不复返了。社会在进步，人也只有进步才能跟得上它的步伐。

阿娟本科学的日语专业，毕业后发现找工作并不是那么容易，总是高不成低不就，刚好父亲所在的国土局在招聘，为了稳定，她进了这个远离老公和孩子的事业单位。朋友说：“你应该跟老公在一起，长期分居可不好，她说这边工作稳定，又是铁饭碗，不舍得丢啊，看到时候能不能调到老公那边吧。”多年之后，阿娟婚姻亮起了红灯，为了稳定，她差点失去自己的爱人和孩子，于是她回到了老公所在的城市打算重新开始。离开了那个天天喝茶、看报纸的岗位，阿珍发现自己居然什么也不会了，她发现自己比刚毕业那会儿更窘迫，因为她失去了自己的竞争力。

鲁迅说：“人生最大的痛苦是梦醒了无路可走。”光阴最经不起蹉跎，蓦然回首，如果能坦然面对自己早已被甩开了很远的现实那还好，如果心中还有梦，那就不得不感受痛苦了。

李时珍如果继续在太医院做自己安逸体面的“太医院院判”，我们世人就不会在传世巨著《本草纲目》中受益匪浅；VC女王徐新正是因为不想一直稳定的枯燥下去，才折腾出了非凡的事业，如果她贪图稳定，她也许还是那个默默无闻的银行职员；高晓松如果贪图稳定，循规蹈矩，他就不会创作出那么美好的音乐，也不会领略到远方和诗的妙处；巴尔扎克拒绝了家人为他安排的稳定的公证人事务所的职位，而坚持要走毫无生活保障的文学道路，可是正因为他的不安分，才为世界文学留下了不朽作品《人间喜剧》。

这些不安分的人，往往是创造传奇和不朽的人，如果当初他们贪图稳定和安逸，不仅让他们虚度了光阴，也让人类少了那么多宝贵财富，所以，有一种稳定只是虚度光阴，千万别说你做不到，一切皆有可能，你怎么知道你不会是下一个李时珍、下一个徐新、下一个高晓松和下一个巴尔扎克呢？

古人云：“生于忧患，死于安乐。”新中国生于多灾多难的危亡之际，忧患意识成就了祖国今天世界第二大经济体的荣誉；蜀国和南朝贪图安逸，万千宫阙连着一派歌舞升平湮灭在历史的尘土之中。

第六章

你不放下所有负重，怎么能轻装上路

在追求梦想的道路上，你发现遇到迷惘，感到步履维艰。很多时候，这是因为你得失心太重，在乎的太多，在意的太多，导致自己负重，而且越来越重。于是，你感觉到前路艰险，你会发现前途渺茫，你会觉得一切都让你好累好累，难以坚持下去。此时，你要变得坚强，需要先学会放下负重，做到轻装上路。

1. 所有焦虑都是浪费时间，你需要遇事从容淡定

内心自信的人，总是从容淡定，即使面对突如其来的困难，也能轻松应对，他们不是不会焦虑，他们只是更明白焦虑对于解决问题没有任何意义，反而会干扰自己的内心，影响接下来的决策，所以，镇定面对，积极地处理问题才是王道。

人都会焦虑，就算超人，也有自己无法左右的事情，可是过分焦虑能带来什么呢？它不会改变任何事，只会搅乱你的思维，偷走你的快乐，浪费你的时间，阻碍你的成长。放下无谓的焦虑，清理自己内心的碎片，适当地简单化，即使做不到心中无痕，也不要被揪着不放。

蔓蔓是我的闺密，她感情丰富、多愁善感且十分敏感，那天她十万火急地给我打了个电话，慌张地告诉我她犯错了，老公的饭碗可能不保了，不停地责怪自己说错话了。我知道她的个性，在她那的惊天大事通常都不是事，我问她，具体怎么回事。她说自己在上班的时候跟老公QQ 聊天，老公抱怨工作有点辛苦，她就劝老公说，每天那么辛苦赚的还少，赶紧投简历换个公司，而这些对话内容刚好被老公的老板看到了，老板也没有多说什么，只是神情严肃地走开了。蔓蔓得知对话“败

露”之后，急得直跺脚，我一个劲地劝她说：“真的不是什么大事，何况老板这么压榨你老公的劳动力，你作为与他切身利益相关的老婆，抱怨几句也很正常啊，就算说了跳槽那有怎样？间接地控诉他的不人道，何必那么担心焦虑，说不定老板晚上还睡不着，他还得想想应该给你老公加多少薪水呢。”我好说歹说了一通，蔓蔓还是忧心忡忡地挂了电话，说等明天接受老板的审判吧。结果第二天，她笑逐颜开地告诉我，她老公被加薪了，还加了不少。

有这么一条关于“烦恼都是自找的”数据表明，一般人的忧虑有40%属于过去，50%属于未来，而92%的忧虑从未发生过，剩下的8%是能够应付的。

其实，很多烦恼根本就不存在，是你的臆想制造了它们，何苦要庸人自扰呢？过去的，是你无法改变的，只能接受；未来是你无法预料的，多想无益；只有当下才是你应该紧紧抓牢的，也是唯一你有能力改变和创造的，你若是因为悔恨过去、忧心未来而耽误了你的现在，那你只会陷入恶性循环。

焦虑不仅浪费时间，还会产生消极的作用，死囚滴血实验很多人都听说过。在实验过程中，死囚被捆在床上，并蒙住眼睛，实验科学家让死囚相信在他旁边滴的水事实上是他自己的血，死囚看不见自然也无法求证。实验结果是，过了一段时间之后，实验对象真的死了。

当面对不确定性，无所适从的时候，我们能做些什么呢？首先要认识到，谁都会焦虑，但是就像一盒巧克力一样，在你没有品尝到巧克力味道的时候，你永远不能认定它是苦还是甜，所以，何不摆正心态，坦然面对，以便在真的遇到坎坷的时候能清醒地想出方法并战胜它。

曾先生是个年轻有为的职业经理人，在短短几年内带领某公司成功上市，因此深受业界称赞。他本人性格温和，和蔼可亲，脸上时刻挂着自信的笑容，工作再忙碌、紧张也是如行云流水般淡定，可是有一次他居然说，其实对于未来，他也有恐惧，他说，面对不确定性，所有人内心的恐惧都是一样的，而英雄与懦夫唯一的区别就在于行动。与其焦虑烦躁、于事无补，还不如放手一搏，危机说不定就能化为转机。

内心自信的人，总是从容淡定，即使面对突如其来的困难，也能轻松应对，他们不是不会焦虑，他们只是更明白焦虑对于解决问题没有任何意义，反而会干扰自己的内心，影响接下来的决策，所以，镇定面对的问题，积极地处理问题才是王道。

2.每个人都是天才，但自卑的人除外

天生我材必有用。找到自己的优势，那就去放大它。一个忙着去努力拼搏的人，哪有时间去盯着缺陷不放，哪有时间去斤斤计较啊?

胡娜因为牙齿不整齐从小就特别自卑，牙齿问题让她变得不爱笑，不愿意展示自己，她会觉得自己一张口说话，就在向别人昭示，自己长得好丑。慢慢地，胡娜性格变得内向，进而沉默寡言。突然有一天，同学们都说她是班花的时候，她震惊不已，甚至有点怀疑她们是不是故意调侃自己。朋友告诉她:“你真的很漂亮，皮肤白皙，五官精致，小巧玲珑，

同学们都这样认为。”胡娜还是摇头说：“我的牙齿太丑了，东倒西歪的。”她的朋友继续说：“你那牙只是不那么完美而已，根本谈不上丑，特别是那两颗小虎牙，笑起来还蛮可爱的。”有了朋友的鼓励，胡娜从此以后自信多了，她变得开朗、爱笑，连周围的世界也变得灿烂、绚丽了。

很多时候，我们会把自己在意的小问题、小瑕疵放得很大，放大到令自己恐慌，甚至忽略了我们的优点。忽略那些小问题、小瑕疵吧，自卑是一种浪费，其实你一点也不丑，反而很漂亮，别把美好年华辜负了，尽情展示你的美吧。

自卑的人分两种，一种是善良的自卑，专害自己，与人无害；一种是恶意的自卑，妒贤嫉能，损人不利己。像胡娜那种，就属于特别善良的那种，她对自己要求很高，生怕自己的不完美影响了别人。而妒贤嫉能的人也很多，他们不相信自己的能力，嫉妒比自己优秀的人，他们害怕自己的努力得不到成功，还不愿意面对别人的努力，更害怕别人通过努力而成功，从而超越了自己。

李青和刘艺是发小，李青念的大专，刘艺念的二本，他们刚好在一个城市工作，5年之后，李青还在为月薪不够家用而发愁，而刘艺通过自己夜以继日的奋斗已经拥有了一家自己的美食小店。李青心中羡慕嫉妒恨，心想，有什么了不起，说不定过几天就倒闭了。结果刘艺的小店越做越好，还开了几家分店。而李青的日子还是那样捉襟见肘，于是她天天在家抱怨自己的男人没出息，后悔自己当初的选择。

终于有一天，李青自嘲着对刘艺说：“你天赋好，运气也好，考上了大学，还创业成功了，我就不行了，读书不行，工作能力也差。”刘艺回答说：“比起那些高才生，我的天赋并不高，我只是比你努力而已，我知道自己的落差在哪里，也知道每个人都不容易，都在为自己的人生和目标进行奋斗。但是我不自卑，我想读书读不过，我就开店吧，这是我热爱的事情，我自信我可以做好它。为什么要拿自己的短处跟别人的长处比？其实你也可以的拥有更好的事业或者生活，只要你愿意。”

爱因斯坦说过，每个人都是天才。但是如果你以爬树的能力来衡量一条鱼的话，那么它一辈子会相信自己是愚蠢的。如果你也有点自卑，找不到自信的理由，那就让朋友和家人告诉你你的优点和长处，然后比比看，如果用这些优点去换取你耿耿于怀的自卑的原因，你愿意吗？

如果你也有点自卑，不自觉地嫉妒那些比你优秀的人，那么请你再想想，他们那么优秀还那么努力，为什么连你努力都害怕，却还要讥讽他们的努力？李白说："天生我材必有用。"找到自己的优势那就去放大它。一个忙着去努力拼搏的人，哪有时间去盯着缺陷不放，哪有时间去斤斤计较啊！

3. 你能保持平常心，就能找到自己热情的原动力

保持平常心，心态才会平静，才能找到自己热情的原动力，找到前行的方向，进而活出想要的人生。你擅长什么，最喜欢做什么，讨厌做什么，只有冷静思考才能找到答案。盲目攀比只会让自己更疲惫，静下心来才知道自己需要什么，才能找到生活的乐趣，最大限度地发挥自己的作用。只有保持平常心，才能走好自己的路。

好久没跟周琳见面了，问起近况，她抱怨说无聊得很，那些朋友一开始好好的，后来居然不搭理人，约会不来，电话也不接了，真是讨厌。我问起她，那两个人是谁，她告诉我之后我沉默了，因为不知道怎么告诉她，有些朋友其实未必愿意让你走进她的生活里，也不知道怎么告诉她每个人的生活习性是不一样的。

她说的那两个一开始好好的、后来不联系的朋友，一个是我们原来上司的爱人，一个是原来公司其他部门的同事。上司的爱人一开始跟你亲近，因为你是她老公的下属，她对你热情，这也许是团队文化的需要，后来你的上司离开了这家公司，上司跟你的联系少了，她自然也跟你疏远了，因为你们原本也谈不上有什么交情；再说其他部门的那个同事，公司各部门的员工本来就很多，那个同事只是跟你有一定的工作交集，在一起吃过几次午饭，还每次都是你主动相约，后来她离开公司了，有自己的新圈子，自然会疏忽你一些，因为你们原本的友情也并不像你想象的那样深厚。从另一方面讲，有的人喜欢“君子之交淡如水”，崇尚真正的友情是互相包容，不苛求，不强迫，不黏人，像水一样的平淡、清澈。因此你又何必强求别人跟上你的步伐和节奏，这也是对朋友的尊重。再者说，也许是因为城市生活节奏太快，朋友太累，来不及约会聊天、叙述情谊，但是不管怎么样，保持平常心吧。

大千世界，形形色色的人，各种各样的性格，各不相同的处事方式，当你觉察到不符合你的价值观和逻辑思维的事情，千万不要随便指责别人，请先进行一番自我反省，用一颗平常心，冷静地思考，站在别人的角度，将心比心地看待别人，即使确实存在不妥当的地方，也比较容易发现自己的问题，及时做出调整和改正，不至于对人产生偏见，让自己陷于被动局面。

曾听过一则富翁与渔夫的故事，说富翁在海滨度假，见到一个垂钓的渔夫。富翁说："我告诉你如何成为富翁和享受生活的真谛。"渔夫说："洗耳恭听。"富翁说："首先，你需要借钱买条船出海捕鱼，赚了钱雇几个帮手增加产量，这样才能增加利润。""那之后呢?"渔夫问。"之后你可以买条大船，捕更多的鱼，赚更多的钱。""再之后呢?""再买几条船，搞一个捕捞公司，再投资一家水产品加工厂。""然后呢?""然后把公司上市，用圈来的钱再去投资房地产，如此一来，你就会和我一样，成为亿万富翁了。""成为亿万富翁之后呢?"渔夫好像对这一结果没有足够的认识。富翁略加思考说："成为亿万富翁，你就可以像我一样到海滨度假，晒晒太阳，钓钓鱼，享受生活了。""噢，原来如此。"渔夫似有所悟，"那你不认为，我现在的生活就是你说的那些过程的结果吗?"

关于这个故事，仁者见仁智者见智，没有对与错之分，只有价值观的不相同而已，富翁追求的是自我价值实现之后的财务自由的惬意，而渔夫追求的是轻松洒脱没有牵绊和案牍劳心的身心自由的惬意，人生，无非就在于自己的选择。因此，保持平常心吧，追求事业成功的人也不必鄙视那些普通人的碌碌无为，因为小日子也有小日子的乐趣，普通人也不必看不上成功人士用辛苦和毅力换来的成功，因为你未必能做到。

有人说："人之所以痛苦，在于追求错误的东西。"每一个人都有长处和短处，认清楚自己很重要，而认识自己，了解自己，是保持平常心的基础。认清了自己，才能用一颗成熟的心去做出理性的人生选择。也就学会了不用自己的标准衡量别人，更不用自己的标准去打扰别人的幸福。

保持平常心，心态才会平静，才能找到自己热情的原动力，找到前行的方向，进而活出想要的人生。你擅长什么，最喜欢做什么，讨厌做什么，只有冷静思考才能找到答案。盲目攀比只会让自己更疲惫，静下心来才知道自己需要什么，才能找到生活的乐趣，最大限度地发挥自己的作用。只有保持平常心，才能走好自己的路。这样的人才能活出真我的风采，才能实现梦想和夙愿。

平常心并非与生俱来，而是在生活中、在工作中、在与人交往的过程中逐渐练就而成的，它是一种自我成长，来自于一点一滴的体验与领悟，甚至有时候还需要经历摔打、磨炼，在痛苦中去探索，在失败中去体会，让你不断地进行自我调整，促使自我意识到达某种境地，才能练就这样一颗看似平常实则最不平常的平常之心。

4. 你把自己弄丢了，要记得捡回来

事实上，生活的坑大多都是我们自己挖的，原本我们可以云淡风轻地活着，原本我们有能力思考和决定自己的想法和命运，不被任何想法和感觉定义，可是，人生来都难敌自己的执念，我们深陷其中，顽固得近乎荒唐，尽管看上去，我们把自己交给痛苦，比交给快乐更容易一些，但只要我们愿意，快乐无处不在，它只待你去发现和创造。

人们都说："人的一生中至少要有两次冲动，一次奋不顾身的爱情，

一次说走就走的旅行”。可是，我要说：“把自己弄丢了，要记得捡回来。”

林晓燕爱上了在聚会上认识的许文，两人很快陷入热恋，林晓燕的姐姐知道后，强烈地反对他们的交往。许文人穷志不短，他希望林晓燕帮助他做生意，他渴望为林晓燕拼出一个美好的未来，以此证明自己的实力和林晓燕的选择。林晓燕爱得深切，打工攒下的几个辛苦钱都给了许文。创业不是一件简单的事情，许文的生意进展得不顺利，林晓燕难免也心生忧虑，再加上林晓燕的姐姐天天的冷嘲热讽，导致林晓燕越来越焦虑。都说相爱容易相处难，几个月后，两个人就开始三天一小吵，五天一大吵。后来许文的生意彻底失败了，成了无业游民的他，内心的自信全部崩溃，因为极度害怕失去林晓燕，他不去找工作，而是天天缠在林晓燕身边，林晓燕百般劝说之后也失去了耐心，他们争吵得更凶了，林晓燕开始躲着许文，许文又百般纠缠，最后痛定思痛，发誓痛改前非、重新做人，开始新的工作，可是没工作几天就以各种不能接受辞职了事，寻找林晓燕的支持成了他唯一的寄托。女人大多心软，再加上心中还有爱，林晓燕在一番痛斥之后终究不忍心，瞒着家人又一次资助许文，就这样，吵吵闹闹，分分合合，反反复复，这段纠缠不清的感情在持续了两年之后才在林晓燕彻底绝望的痛哭声中结束了。

林晓燕说她累了，她把自己都弄丢了，她陷入这段感情之中，常常徘徊在坚持和放弃、希望和绝望之间，痛苦不已，没完没了的纠缠和自我纠缠，让自己和男友都变得不快乐。在这段感情中，事业的失败、相处的磕绊、个性的迥异、工作的不顺利和家人的反对交织在一起，让林晓燕和许文都迷失了自己，不自觉地变得痴狂、不讲理，最后，精力丢失的他们把自己丢了，焦虑和迷茫，恐惧和愤怒，悲痛与绝望在很长有一段时间折磨着这两个年轻人。分手，很痛苦，可却像一次重生的换血大手术一样，让两个人彻底平静下来，最后慢慢在各自的生活中顽强前行，并最终把失去的自己捡回来了。

大多数时候，我们的受苦源自于一个错误的假设：我们以为得到某种东西或者愿望实现，我们才会快乐幸福，最后定义我们的生活，甚至人生。当达不到这种愿望的时候，我们就会觉得很痛苦、苦闷、郁郁寡欢，这种思想控制着我们，影响我们的心智，改变了我们生活原有的轨道，最后，在得不到和放不下的痛苦中，我们把自己丢失了。

事实上，生活的坑大多都是我们自己挖的，原本我们可以云淡风轻地活着，原本我们有能力思考和决定自己的想法和命运，不被任何想法和感觉定义，可是，人生来都难敌自己的执念，我们深陷其中，顽固得近乎荒唐，尽管看上去，我们把自己交给痛苦，比交给快乐更容易一些，但只要我们愿意，快乐无处不在，它只待你去发现和创造。

如果生活让你承受痛苦和不幸，我只愿亲爱的你，若把自己丢了，要记得捡回来。

5. 趁年轻，你要去做自己想做的事

偶尔自我一下，找回那个失去的自己，让自己毫无顾忌地任性一次，因为按部就班的人生缺了点曲径通幽的意境，锱铢必较的人更是活得太累，人生的乐趣还有很多种，你什么都不缺，除了一颗从容淡泊的心！

我有一个朋友，很喜欢伍佰的《突然的自我》，这是他在 KTV 必点之歌，每次看他仰着头陶醉在他悠然自得的旋律当中的时候，我们就会会心一笑，真心喜欢，他是一个具有真性情的人，真实又随意，我们经常会看到他在挥挥洒洒之间的淡泊豪情，很是羡慕。可他说，他也是在寻找那种突然间的自我的感觉，偶尔装作一副勘破天机、悟透轮回的样子，感觉很舒畅，这种状态就像沙漠里疲于奔命的赶路者，蓦然发现了绿洲一般妙不可言。

世事变幻无常，苦苦的追求，不懈的执着，难免让自己绷得太紧、活得太累，长此以往，人会慢慢失去觉察能力，迷失了自我，什么都想得到，什么都不愿意放下，被外物所困，让自己画地为牢。

趁年轻，趁阳光正好，趁微风如煦，去见你想见的人，去做你想做的事。

蔡康永说，中国人最缺的是判断和思考，因为我们容易在人云亦云

之间失去了自己的觉察能力，在他看来，对不符合内心价值观的事情说“不”是一件很美妙的事情，因为说“不”是一种内心的坚持，对原则的坚持，你也可以理解为突然间的自我，没错，偶尔我们就是需要这种自我，这不是离经叛道，这是尊崇自己内心的想法，倾听内心的声音，自己为自己做决定，自己把握自己的命运。

谭力大学的时候创业两次，两次都失败了，如今他在辛苦打工赚钱还债，他说，想想过去真的想哭，自己现在二十几岁，没有女朋友、没有事业，还背负了五万元的债务，因为需要还债，也无法给父母买礼物，孝敬他们，因此内心特别痛苦。我无法跟谭力说，除了生死，都是小事，因为他或许还不会理解，我只能告诉他：“一辈子还很长，过去的都是经历，心灵的感悟和收获，是一笔金钱买不来的财富，而过往的经历，无论好的坏的，其实都是最好的安排，这样的一段心路历程，也许是你人生中最难得的回忆和体验，让你在把酒话桑麻的时候，至少有故事可回忆，对于未来而言，这也是具有深刻借鉴意义的，总之，真的不必为此负有压力，把这些失败就当是一次突然间的自我，用五万元买一个深刻体验，或许是影响你一生具有重要转折意义的体验，为什么要因此难过呢?”

突然间的自我一下，不是放纵，不是无所节制，它是一次放松，是停下脚步思考与反省，是给我们拼命奋斗和打拼的身心做一个 SPA；它也一趟之灵之旅，是与自我进行内心对话，倾听内心的声音，问问它需要什么；它还是一场江湖行，是武侠小说里侠客仗剑走天涯的豪情，是正气在我胸中的壮志挥洒。

海伦是典型的女强人，眼里容不得一粒沙子，在她看来，一分一秒的时间都不能浪费，一分一秒必须有所收获，否则就是虚度光阴，她喜欢竞争，每天都很忙碌，她天天盯着公司其他团队的业绩，生怕自己落后于人。突然有一天，她生病了躺在床头思考：我这么辛苦，我在追求什么呢？大家都在说梦想，我的梦想是什么呢？别人可以那样自我洒脱，为什么我不能？

其实不是我们不能自由洒脱，是我们绷紧的神经只记得追求速度和目标，生怕在竞争激烈的氛围里落后于别人，于是我们害怕意外，害怕失败，害怕尝试，不敢突破，失败了就感觉天都要塌了一般，内心的精神支柱也随之溃不成军。

所以，偶尔自我一下，找回那个失去的自己，让自己毫无顾忌地任性一次，因为按部就班的人生缺了点曲径通幽的意境，锱铢必较的人更是活得太累，人生的乐趣还有很多种，你什么都不缺，除了一颗从容淡泊的心！

6. 你相信自己能做到，你就会做得到

如果你想做一件事，那就大胆地想象，然后，相信你一定可以做到，总有一天，你会发现你真的实现了你的想象。就像拿破仑·希尔说过的："凡是人心所能想象并相信的，终必能实现。"

一位商界大亨说："很多年前，我实现了自己的人生理想，当时我

以为我得到了我想要的一切：我的公司业务正如日中天，生活也舒适富足，有漂亮精致的住宅，还有两辆跑车和一艘帆船，并且婚姻幸福，家庭美满。

“可是，突然有一天，我遭遇了人生中突如其来的沉重打击。股票市场瞬间崩溃，我们生产的产品在一夜之间一件也卖不出去。为了偿还巨额的利息，我赔上了所有积蓄。在我以为还不算最糟糕的时候，妻子却说要离开我。我感到万念俱灰，手足无措，绝望之下，我乘着我的帆船向着大海深处一路狂奔，突然在生死一念之间，我掉转船头，我想我不能做懦夫，我要相信自己一定可以改变困境。

“我回到公司，令人感动的事情真的发生了，曾经帮助过我的朋友找到我，说要为我的公司注入新资金，他说跟我合作了十多年，相信我的人品，还有我们公司的实力。

“我终于渡过了难关，我想，只要坚持，相信就会有希望，不到最后一刻，永远不能就此下判决书。”

《最强大脑》中有一位选手让所有观众都目瞪口呆，这位选手生活不能自理，有语言障碍，甚至曾被诊断为“中度脑残”，如今却能靠心算准确给出十多位开根号运算的结果人们称他为“中国雨人”。

周玮，出生 6 个月时，因抽搐被县医院诊断为“佝偻病”；2 岁被省儿童医院诊断为脑瘫；3 岁被北京协和医院确诊为“顽固性低血糖及智力发育低下”。父母多方寻医问药无法治愈，不得不放弃治疗，将儿子带回了家。

周玮 9 岁那年，多年的低血糖症状突然消失，癫痫也不再发作。有一次，父亲带他下田干活，在田间休息的大伯问周玮：“一头驴 4 条腿，两头驴几条腿?”“8条腿。”周玮脱口而出。智障儿居然还会算术，全家人喜不胜收。于是，他们把毫无学习基础的周玮送到学校，一开始，学校因周玮的语言障碍拒收他入校，经过母亲的反复哀求，他才成为一年级的“另类旁听生”，可是5年后还是被要求退学了。

回到家后的周玮特别喜欢玩计算器，他惊人的数学天赋也逐渐显现，他甚至能自己推导等差数列，对自然数的高次幂运算、两位数、三位数以及四位数之间的相乘，高位数的开平方、开立方、循环小数化分数都能迅速给出准确的答案。

在中国有很多像周玮一样天才的孩子，可是他们的天才都在家人和外界的质疑声中被慢慢浪费，章子怡被“中国雨人”周玮深深地打动。她说:“打动我的不仅是他的天赋，还有他家人的坚持不懈和信念。我钦佩他的家人并且祝福他。”

只要你相信，相信就会有希望，当上帝为你关上一扇门，就定会为你打开一扇窗。

如果你想做一件事，那就大胆地想象，然后，相信你一定可以做到，总有一天，你会发现你真的实现了你的想象。就像拿破仑·希尔说过的:“凡是人心所能想象并相信的，终必能实现。”

相信是成功的开始，坚持是成功的终点。只要你相信你可以做到，然后持之以恒，你就能够成功。

第七章

和过去和解，你才有足够的空间去拥抱未来

每个人都有过去。在追求梦想的道路上，有时你也想释放重担、轻装前行，但因为过去的某事放不下。这对我们追求梦想是极其不利的。事实上，和过去和解，你才有足够的空间去拥抱未来，和过去和解，你才能放下负重，轻装上阵，信心满满地去实现自己的梦想。

1. 原谅他人，其实就是放过自己

生活中所遭受的挫折都只有一个目的，提醒你成为更有智慧、更有爱心、更有创造力量的人。放下别人的错，解脱自己的心。

“二战”期间，一支部队在森林中与敌军发生激战，最后两名士兵与部队失去了联系。这两名士兵之所以在激战中还能互相照顾、彼此不分，因为他们来自同一个小镇。他们在森林中艰难跋涉，互相鼓励和安慰。

十多天过去了，他们仍未与部队联系上。幸运的是，他们打死了一只鹿，依靠这只鹿，又能度过几日了。也许是因为战争的原因，森林中的动物四散奔逃或被杀光，除了那只鹿，他们再也没有看到任何动物，仅剩下的一点食物，背在年龄较小的那个士兵身上。

一天，他们在森林中遇到了敌人，经过一番激战，两人巧妙地避开了敌人。就在他们自以为安全的时候，只听一声枪响，走在前面的年轻士兵中了一枪，幸运的是仅仅肩膀受了伤。后面的战友惶恐地跑过来，害怕得语无伦次，抱着伙伴痛哭不止。晚上，未受伤的士兵一直念叨着母亲，两眼直直的。他们都以为自己的生命即将结束，身边的食物谁都没有动。

谁也不知道，他们那晚经历了怎样的心路历程。第二天，部队找到了他们。事隔30年，那位受伤的士兵说：“我知道是谁开的那一枪，就是我的战友，他去年去世了。在他抱住我的时候，我碰到他发热的枪管，但是当晚我原谅了他，我知道他是想独自占有食物存活下来，我也知道他活下来是为了他的母亲。此后30年，我装着根本不知道这件事，也从不提及。”

他又说：“战争太残酷了，他母亲还是没有等到他回家。战争结束后，我和他一起祭奠了老人家。他在他母亲的坟前跪下来，请求我的原谅。我没有让他说下去，我们又做了二十几年的朋友，我没有理由不原谅他。”

一个人，能容忍别人的固执己见、自以为是、傲慢无礼、狂妄无知，要靠极大的胸怀。受不了恶意诽谤，纠结于此，只能对自己造成致命的伤害。以德报怨说着很简单，但与其说是回归仁慈、友善与祥和，不如说是放过了自己。

安静惬意的生活从何而来？它来自于宽容。大多数人际关系中，痛苦通常来自于身边最亲近和信任的人伤害了自己，事实上这是头脑的错觉，同等的伤害，我们会因为关系越亲近，在情绪上显得更难以承受而已。

但真正的问题是：即使事情已经过去很久，受害者都还记忆犹新、反复回味……于是，当意识聚焦于痛苦与怨恨时，自然失去了向前看、拔出泥淖的力量。结果是让别人的一次过失，惩罚了自己一辈子。

为什么不放过自己呢？

有这样两个学生，他们俩是同桌，女的叫阿琴，男的叫阿伟。很巧的是他们俩有一个同样的生理缺陷，只不过因为阿伟是男孩子，爱运动，喜欢打打篮球什么的，所以他的味道更重一些，每每进了教室，同学们都忍不住捂住鼻子。时间久了，阿伟心中渐渐掀起了一些不能言说的悲伤。

有一次，某同学请客吃饭，为自己庆祝生日，大家依次坐在座位上，当一个同学打算坐在阿琴旁边的时候，阿伟大喊道："不要坐她旁边，她有狐臭!"

阿琴顿时满脸通红，一直红到脖子根儿，可是她也没有任何反击，只是微笑着看着那个要坐下来的同学，那个同学也当没听见一样坐了下来，从此大家都不再提这件事情了。

很多年以后，阿伟找到阿琴忏悔，问她当年为什么不反驳自己，阿琴说："其实，很多事情你不说大家也都知道，我特别能理解有生理缺陷的痛苦，所以何必拆穿你而互相伤害，让同学看笑话呢？我当时就原谅你了，我知道其实你也不好受，只是为了保护自己说了些幼稚的话。关键是你这些年都很内疚，但是我却很坦然，原谅你，其实也是放过我自己。"

人生不过这短短的几十年，我们到底该如何度过呢？有些人，遇到一些事，就把自己的心锁在"牢笼"之中，整天愁眉紧锁，甚至苦大仇深、生不如死……

如果能明白生活的真谛，也许就能活得很轻松。事实上，生活中所遭受的挫折都只有一个目的，提醒你成为更有智慧、更有爱心、更有创造力量的人。放下别人的错，解脱自己的心。就像那个年轻的士兵和阿琴，他们都能够在当时就原谅对方、放下心结，看起来是原谅别人，其实是放过自己。

是的，真正伤害你的，往往不是事情本身，而是你对事情的看法。与其怀恨在心、终苦一生，不如立即放下、让心自在。

你就会赞叹一声，人生原来可以如此美好！

2. 上天为你关了这扇门，必将为你打开另一扇窗

上天就是这样，关上了你的这扇门，必然会为你打开另一扇窗，你失去了一种东西，必然会在其他地方收获另一个馈赠。

玫瑰精明能干、雷厉风行，高中毕业后打了两年工，有了些积蓄，然后开了一家小店，之后碰到了现在的老公，很快结婚生子，在家当阔太太，也就不再工作了。婚后几年里，也还算幸福美满，除了玫瑰特别容易暴跳如雷的脾气让她老公有点不能接受。

天有不测风云，几年之后，玫瑰老公生意失败，一蹶不振，生活陷入困境，玫瑰不得不出来上班。以玫瑰精明能干的个性，很快她就适应了新的职场工作，居然做得还算有声有色，也慢慢地撑起了这个负债累累的五口之家。可是生活的突变让玫瑰变得更加容易对家人发脾气了，玫瑰老公不堪忍受，曾一度想离婚，后来朋友告诉他："因为有刺，才是玫瑰，每个人的性格中，都有某些无法让人接受的部分，再美好的人也一样。所以不要苛求别人，你老婆虽然脾气不好，但是很能干，而且

她也是个讲道理的人，你不能总想着她脾气不好，跟她对着干，夫妻俩好好的沟通，相信会有很大改善。”

叔本华说：“世界上的每一朵玫瑰花都有刺，如果因为怕扎手，就此舍之，那么你永远也不能得到玫瑰的芬芳。”

我们班上原来有个“假小子”，性格大大咧咧，理着一个平头，装束也跟男孩子一样，喜欢跟男生一起玩，偶尔还跟他们打架，因此女生对她敬而远之，男生更是经常笑话她，她倒也不在乎，依旧我行我素。可就是这样一个女孩子，艺术天分特别高，她在美术和绘画方面有着独特的感触，后来她竟出乎所有人的意料地考上了中国美术学院。

再后来的一次同学们聚会，一个男同学拍着她的肩调侃她，说她是天生的艺术家，就是担心她跟个假小子一样没男人爱。她也不恼，笑呵呵地说：“不用瞎操心，各花入各眼，等着，姐姐我明年就带一男朋友给你们瞧瞧。”

第二年，她果然带了一个男朋友回老家了，而且是班上最早结婚生子的女生。

大概正是这样的真性情让她独具艺术天分，她的婚后生活很甜蜜，夫妻俩堪称神仙眷侣，他们一起作画，一起创作，还带着孩子一起去山里写生。

谁说“假小子”没人爱，有的女生看似强悍、火辣，其实她最精明能干；给人感觉性格古怪、格格不入，其实是因为你没读懂她；有的女生看着柔柔弱弱、多愁善感，其实，她内心里也有你不知道的坚强；有的女生矜持、理性，其实她的高贵是骨子里的，她们的优秀不需要仰慕和证明，因为她们都是芬芳美丽带刺的玫瑰。

世间万事万物都是如此，美好与缺憾并存，风险和机遇共生。玫瑰因为有刺，才是玫瑰；维纳斯因为断臂，至今让人念念不忘；无限风光的险峰因为人迹罕至，才更加令人赞叹。

一位美丽的泰国少女，因为家境清贫，和母亲靠捡垃圾为生，因此也没办法继续升学。可是正因为无法继续升学，她反而有机会参加了国内举行的选美比赛，后来竟一路过关斩将摘下桂冠。

如果不是因为贫穷，这个少女也就不会得到参加选美的机会，如果不是贫穷反而增进了她精神世界的丰富，或许她也不会夺得冠军，上天就是这样，关上了你的这扇门，必然会为你打开另一扇窗，你失去了一种东西，必然会在其他地方收获另一个馈赠。

美好的事物也是一样，因为某些负面或者缺陷，反而成就了自己独特的美好。

3. 就算全世界都抛弃了你，你也要追求自己的梦想

乐观的人总是容易快乐，遇到事情也会往好处想，如果他掉进沟里，他甚至会想：说不定刚好有一条鱼钻进了我的口袋。

她是一个折翼的天使，上天无情地夺走了她的双腿，但依然阻止不了她为了梦想而飞翔的信念。

2015 年 9 月 9 日，在河南商丘学院的校园内，19 岁“无腿女孩”

王娟迎来了她梦寐以求的大学生活。13 年前，一场突如其来的车祸让 6 岁的王娟从此失去了双腿。不堪压力的母亲竟投井寻了短见，祸不单行，随后父亲也离家出走，至今杳无音信。可怜的王娟只有与 70 多岁的爷爷奶奶相依为命。

失去双腿后的王娟，并没有因为命运的不幸遭遇而悲观放弃。王娟说，“面对生活的沉重打击，如果屈服了，那我一辈子也就结束了。”她用坚强的毅力，以手代步，依靠双手撑着地一步一步地挪动，从小学读到初中，从高中考到大学，迈向了人生新的起点。

王娟的爷爷告诉她，亲人跟不了她一辈子，要学会自立自强。因此，王娟早就学会了独立生活，上大学新生报到的那天，她独自一人去学校报道，学院院长都为之一震，很难想象一个没有双腿的孩子，竟然会这么独立。

王娟的坚强乐观感动了身边所有人，她的室友说：“在王娟身上，我们看到了许多正能量，她对生活的乐观态度、坚强独立的精神、与人为善的行为方式，都是我们当代大学生应该学习的。”

王娟的父母因为无法接受王娟残疾的事实，双双离她而去，可是王娟依然坚强，就算遭受父母的抛弃，她并没有抛弃自己，她用她的坚强和乐观感染了身边所有人，她虽然残疾，但是她丝毫不比正常人逊色，甚至比我们更高大伟岸。

乐观的人总是容易快乐，遇到事情也会往好处想，如果他掉进沟里，他甚至会想：说不定刚好有一条鱼钻进了我的口袋。

小林说，宝宝刚去天堂的那段时间，她真的差点自杀了，因为真的不知道怎么继续往后的生活，眼泪不由自主，走到哪都是伤痛欲绝，那种被全世界抛弃的感觉，很想就干脆自己也抛弃算了。她说自己都不知道自己是怎么度过来的，不停地看书看手机，睡觉靠看手机看到困才能睡得着，醒来之后继续绝望，也不跟人说话，一个人在绝望里抵抗。

小林的妈妈和老公告诉她："生活还要继续，你多看看你拥有的好不好，你还有我们，还有爸爸妈妈，老公和大宝，为什么纠结在悲痛里不能自拔?"当小林再次仔细端详父母、爱人和大宝的时候，她真的好惭愧，不能因为自己让他们再悲伤了，尤其是大宝，她不能因为失去的而忘了珍惜现在拥有的。就算全世界都抛弃了你，也要好好活着，因为你自己不坚强，没人代替你勇敢。

于是小林，天天陪在大宝身边，也慢慢想开了，懂得了相遇是偶然，分离是必然，缘起缘灭，一切随缘，行到水穷处，坐看云起时，总之，一切都是最好的安排，你值得拥有更好的。

4. 你要学会面对，相信一切都是最好的安排

莫言说："世界上的事情，最忌讳的就是个十全十美，你看那天上的月亮，一旦圆满了，马上就要亏厌；树上的果子，一旦熟透了，马上就要坠落。凡事总要稍留欠缺，才能持恒。"

2012年2月，系列漫画《滚蛋吧肿瘤君，记录与肿瘤抗争的病院日子》在天涯和微博发帖，作者熊顿把自己与非霍奇金纵膈淋巴瘤抗争的故事，通

过诙谐可爱的漫画表现出来，她的乐观和幽默吸引并感动了百万网友。

熊顿，本名项瑶，人气绘本达人，著名美女漫画家。2011 年 8 月她被确诊患有“非霍奇金淋巴瘤”，也就是俗称的“淋巴癌”。从此，她开始了与肿瘤君斗争的漫长过程。

熊顿以她治疗的过程和内心感触为素材，讲述了一个癌症患者笑对生活的感人纪实。在睁眼就是治疗室，入耳就是化疗、吃药、体温、白细胞增减的环境里，她乐观地记录了自己的每一段经历，用画笔细心捕捉了来自父母、亲人、朋友的关怀和生活中的点滴感动。她说：“对于一个画漫画的来说，生活给予我的，不管是幸运还是坎坷，是快乐还是痛苦，是喜是忧是笑是哭。这所有的情绪与经历，通通都可以成为付诸笔尖的素材。”

熊顿就是这样，在漫长的化疗放疗过程中，在心理和身体上经历着健康人难以承受的痛苦和折磨的时候，依旧用她顽强乐观的心态坚持创作，她却把患病期间所有情绪与经历转化成为付诸笔尖的素材。在经历疾病给她带来的天翻地覆的变化后，仍旧用作品里难以置信的坚强和幽默风趣的自嘲泰然处之，并从中获得积极面对人生挫折的正能量，进而用自己积极的人生态度鼓励了所有读者，告诉人们应该如何面对挫折和坎坷，应该如何在困境中发现生活的美好和生命的可贵之处。

我曾经也经历过失去和失败，当那一刻真的降临，感觉天都要塌了，可是天没有塌，时间继续在无垠的时空里一分一秒地流逝，不能倒转，没有返程的轨道，更没有后悔药，我唯一能做的就是接受事实，承认失去，学会面对。

时间会给你所有答案，回想一下你曾经经历的不幸和挫折，然后问问自己："那些你以为的痛苦和不堪，如今，对你还重要吗？"

朋友说，世上除了生死，都是小事。事实上，就算经历生死，也只能坦然面对，无论怎样，都不要自己为难自己。老子说："飘风不终朝，骤雨不终日……天地尚不能久？而况于人乎？"因此，请接受已经发生和必然将发生的，学会接受和面对。

很多时候，不完美也是一种美，就像"断臂维纳斯"一样，它留给世人无尽的想象美。因为经历家道衰落尝尽世态炎凉，曹雪芹才创作出把中国古典小说推向巅峰的文学巨著。

莫言说："世界上的事情，最忌讳的就是个十全十美，你看那天上的月亮，一旦圆满了，马上就要亏厌；树上的果子，一旦熟透了，马上就要坠落。凡事总要稍留欠缺，才能持恒。"

美国的罗斯福总统就是这样的人，有一次，罗斯福家里被盗了，小偷卷走了很多东西，一位朋友得到消息后，立马写信安慰罗斯福。

罗斯福在回信中写道："亲爱的朋友，谢谢你来信安慰我，我现在很好，感谢上帝：因为第一，贼偷去的是我的东西，而没有伤害我的生命；第二，贼只偷去我部分东西，而不是全部；第三，最值得庆幸的是，做贼的是他，而不是我。"

很多人面对被盗一定会痛恨不已，而罗斯福却找出了三条看开的理由。生活的智慧就蕴藏在这个看似不经意的点滴之中，得之淡然，失之坦然，争其必然，顺其自然。

承认失去，学会面对，相信一切都是最好的安排！

要明白：

"再好的东西，也有失去的一天。

再深的记忆，也有淡忘的一天。

再爱的人，也有远走的一天。

再美的梦，也有苏醒的一天。

该放弃的绝不挽留。

该珍惜的绝不放手，分手后不可以做朋友，因为彼此伤害过！

也不可以做敌人，因为彼此深爱过。”

5. 记忆中的童年依旧美好如初，你一定要心存善念

不要被不好的记忆拖累，记忆中的童年没有阴影，它依旧美好如初，你一定要心存善念，尤其是对待自己最亲近的人。

多年没见的发小儿谭小维加了我的 QQ，闲聊了几句之后，他说想跟我诉说一下他的心结。他说其实他从小是个性格活泼开朗的人，现在长大了出门在外也是朋友圈里的开心果，可是唯独在家里他开心不起来。我问他为什么，他说因为他哥哥的原因，他说小时候本来很喜欢跟我们一起玩的，可是因为好几次在小伙伴之间的争吵时没有帮助自己的哥哥，他哥哥对他心生厌恶，回家了就开始拿他出气，几次挨揍之后，谭小维心中有了阴影，他变得沉默寡言了，再也不敢跟小伙伴们一起玩了，谭小维感觉自己的世界从此少了很多朋友和欢乐，而他认定这是哥哥造成的。长大了之后，谭小维外出打工，他哥哥在家乡谋生，谭小维

的日子过得倒也无拘无束，可是每年过年回家谭小维妈妈都会逼谭小维交一笔生活费补贴家用，谭小维心生疑惑，虽然谭小维爸爸去世了，可是爸爸留了一笔不算少的财富给妈妈啊，为什么她还是逼他交生活费，难道是哥哥怂恿的吗？因为妈妈好像很怕哥哥，于是，谭小维对哥哥的厌恶又加深了。

谭小维把这一切都跟我诉说了一通，他说，说出来之后他感觉轻松了很多，我告诉他，其实我也曾一度认为自己的童年是不快乐的，也曾对妈妈和哥哥心存芥蒂的，我觉得我作为妹妹，没有得到哥哥应有的照顾和关爱，得到的全是嘲笑和打击，以至于我从小就很自卑，我还认定妈妈重男轻女，偏袒哥哥讨厌我。但是我现在长大了，分析事情的能力更全面了，我知道，童言无忌和少不更事，而且我也身为人母了，知道作为妈妈的不容易，也知道将心比心了。

我告诉谭小维，不要对哥哥心怀恨意，因为童年的哥哥也还是个小孩，他也不懂事，原谅他吧，而谭小维的妈妈只是想帮他存钱盖房子娶媳妇而已，并不是他哥哥怂恿的原因，她只是怕谭小维在外面乱花钱而已，至于我的妈妈，她只是不善于表达和观察我细微的情绪变化而已，大概当父母在为生活奔波劳碌的时候，他们也难免疏忽大意，他们也需要安慰和理解。

记忆中的童年，小伙伴们一起上学、放学，一起追逐嬉戏，我们结伴穿过山花烂漫的小山坡，趟过鱼儿穿梭其间的潺潺小溪水。记忆中的童年，我们一起去河里游泳抓鱼，去山上摘野果采野花，哥哥手把手教我们游泳，姐姐分给我们甜美果实。记忆中的童年，回家就有妈妈准备好的可口饭菜，寒暑假爸爸带我们去旅游，过年有爷爷奶奶外公外婆给我们的压岁钱。记忆中的童年，还有总是欢快地摇着尾巴的大黄狗，它送我们上学，接我们放学，还有高高的谷堆和妈妈给我们讲的那过去的故事。

记忆中的童年，有小伙伴一起玩耍，有父母亲人的疼爱，有老师孜孜不倦的教诲，有大自然赋予我们的青山绿水、野花山果，我们还有什么不知足呢？记忆中的童年是我们一生的财富，回忆起来也是甜的。

不要被不好的记忆拖累，记忆中的童年没有阴影，它依旧美好如初，你一定要心存善念，尤其是对待自己最亲近的人。

6. 人生不是活给别人看的，做真实的自己才会幸福

我们竭尽所能，展示一个最美好的自己和生活，却只是为了让别人知道我们多么了不起，多么与众不同。不知不觉，我们的人生成为努力活给别人看，那种追求成功、鹤立鸡群的虚荣就像一贴兴奋剂，给自己带来了短暂的快乐。静下心来，才发现自己的灵魂变了样儿，自己遍体鳞伤，自己的生活开始扭曲，原来是丢失了自己，在这个快节奏、物欲横流的世界。

有一个姑娘，是一位社交网络的红人。她是个生活在澳大利亚昆士兰的阳光沙滩美少女，因为长得漂亮，身材也好，她被模特经纪公司相中，开始了她的模特生涯。这几年她在某社交网络上有57万粉丝，在她个人的YouTube频道也有25万粉丝的订阅量。

她每天在社交网络上传漂亮的照片，分享自己的健身经验和健康食谱，以及她住过的酒店，穿过的衣服，而出现在她照片的各种衣服和会所酒店都会受到网友们的热烈追捧。

然而，就在最近，她删掉了自己之前的2000多张美美的照片，贴出了两张自己没有化妆、没有打扮、没有修图的、真实的照片，从此关闭了自己的各个社交网络平台，毅然决然地宣布退出这个捧红她的虚拟世界。

因为她所营造的网络形象已经让她失去了自己。

她说，网友们看到的光鲜的照片背后，是各种精心的化妆和打扮，是从几百张各种角度的照片里挑出的那张显得胸最大、腿最细、身材最好、笑容最美的那张，以及在各种美颜app和滤镜的修图下，她故意展示给世人的自己，但是，这却不是真正的她自己。

在她上传的最后一个视频中，她说："我并不是你认为的那个我。我并不像你们想象的那样完美无瑕，我在16—18岁的时候就开始沉溺于社交网络，为了经营一个完美健康积极的网红形象，每周都要花超过50个小时泡在上面，为了这一照片，我要费尽周折地打扮，费尽周折地拍照，就是为了要拍出最好的那一张。所以，你们看到的我日常随手一拍的生活照片，其实并没有那么简单。"

她坦言，起初的时候，当别人留言说"你太完美了""你是我最爱的模特""好想变成你啊"……她自我感觉非常好，一定的知名度满足了她的虚荣心。

可是，就是这种生活，让她开始逐渐变得压抑，她感觉自己过着"为了给你们看"的生活，可实际上，她的生活完全不是这样的。

慢慢地，她开始有压力，开始担心，开始害怕万一哪天被网友们发现了她实际生活中真实的样子，她会觉得整个世界都崩塌了。

一想到自己的一切人生只是为了最求那些数字、播放量、粉丝数，她就觉得万念俱灰。

现在，她再也不想为了成为网络红人而虚度光阴了，她也不想费尽心思讨好粉丝，拍出一些精心设计的照片，网络上那个生活轻松惬意的她根本不是真实的自己，所以那些赞誉和评论也是虚假的。

因此，她决定走出门，做真实的自己，过真实的生活，脱下虚伪的面具，不再让自己那么疲惫，因为，人生不是活给别人看的。

为了名利、权力、欲望，多少人让自己疲惫不堪；为了虚荣和面子，多少人让自己伪装得那么辛苦。我们竭尽所能，展示一个最美好的自己和生活，却只是为了让别人知道我们多么了不起，多么与众不同。不知不觉，我们的人生成为努力活给别人看，那种追求成功、鹤立鸡群的虚荣就像一贴兴奋剂，给自己带来了短暂的快乐。静下心来，才发现自己的灵魂变了样儿，自己浑身遍体鳞伤，自己的生活开始扭曲，原来是丢失了自己，在这个快节奏、物欲横流的世界。

一位高级职业经理人在经历了一段尔虞我诈、腹黑算计的生活之后，发现激进的自己居然得了糖尿病，或许是老天在劝他修身养性吧，他从此退出了激烈的职场竞争，不问世事，安心做了一名乡村教师，闲暇时光，品一杯清茶，捧一本好书，过上了悠然自在的田园生活。

人生在世，终归是为了自己而活，是非成败，都是过眼云烟。古今多少事，都付笑谈中。人生一世，终归尘埃，纵然有百年光阴，也不过是历史长河中的一朵浪花。因此，活得真实和真诚才最重要。

第八章

你内心强大了，所有困难都会向你敬礼

每一个人的路都是自己选的，不要老是想着借助别人的力量去改变，因为能改变你的只有你自己。一个人的心有多大，舞台就有多大。对于那些无论如何都无法改变的事情，我们就要学会接受他，并且按照它的方向走出利于我们的路来。在追求梦想的道路上，你内心强大了，所有困难都将变得容易起来，不仅不再为难你，还会向你敬礼。

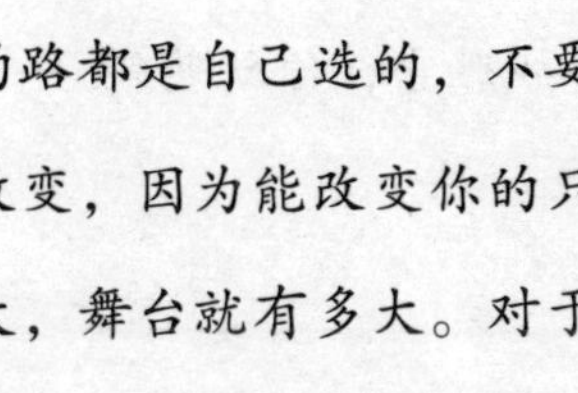

1. 你足够强大时，所有苦难都将变成甜蜜的礼物

巴尔扎克说："苦难对于天才是一块垫脚石。"坚强的人，不怕苦难，事实上，在生活中，我们遇到的每一个苦难，每一次失败，都是人生历程中的一块垫脚石，战胜它，你就获得了出路和新生，所有苦难终将变成甜蜜的礼物。

他16岁在工厂工作时，因碰触高压电线而发生意外，四肢都被烧焦，经医生抢救之后，只保住了一只脚，在全家陷入绝望之时，他的母亲勇敢地站起来，告诉医生，只要他还能活着叫她一声妈，就足够了，自此以后，他决定不向命运低头，他用自己顽强的意志力挑战生命的极限，他学会了生活自理，他可以自己吃饭、喝水，甚至还开始学着用嘴咬笔练习画画。

不幸接踵而至，就在他跌跌撞撞重新学习生活的这期间，一场意外弄瞎了他的一只眼睛。可就算是这样的苦难与困境也并没有打倒他，他迷上了画画，艺术的世界让他忘记了自己的残疾，他的内心受到了极大的鼓舞。在这样艰难的条件下，他依然坚持梦想，开始拜师学画画，以数百倍于常人的努力，勤劳地耕耘在他绘画的世界里，并回到学校继续

完成初中和高中的学业。

在以后20年里，他把嘴巴变成了自己最得力的“手”，而他必须付出的代价是，口腔从此溃疡不断，没有一天是完好的，区别只在于血泡是十多个还是五六个而已。

他就是谢坤山，他的故事在台湾家喻户晓，16岁时，因工伤事故，谢坤山失去了一条腿、两只手，后来又失去了一只眼睛。但就是这样一个屡屡遭受苦难的人，不仅做到了生活自理，还成了一名画家，娶了一个漂亮聪慧的妻子，还孕育了一双聪明可爱的女儿。

巨大的不幸和苦难，并没能改变他，他依然善良、幽默，脸上露出灿烂的笑容。当有人问他想过自杀没有，他非常干脆地回答说：“没有。一点这种念头都没有。我只是想，背着包袱是走，放下包袱也是走，那为什么不放下包袱轻轻松松地走呢？所以我不忌讳自己的身体，不遮掩，绝不躲在房间里。但这样的不幸，一般人都难以承受的，那是让人很绝望的。但是我从不去想自己失去了什么，我想的是我还拥有什么！”

正是抱着这样不向命运屈服的抗争精神和乐观、积极、健康的生活态度，谢坤山才能将所有苦难化解，最终变成他内心满满的感恩。他感激父母、感激老师、感激妻子、感激朋友，感激许许多多扶助、支持和鼓励过他的人。正因为他豁达乐观，他不但寻找到了自己的幸福，还实现了自我的价值，他尽可能地帮助他人、回馈社会，他身上稀有的乐观、积极、纯净感动了全世界。

雯雯说她曾见证过这样的奇迹。她家养了一条大黄狗，养了七八年，全家都特别喜欢这条通人性的大黄狗。有一次，大黄狗失踪了一个礼拜，急得全家人满山遍野地寻找。最后，雯雯在一个矿洞的洞口找到了它。

当雯雯找到大黄狗的时候，眼前的情景让她惊呆了，她发现大黄狗正在用一对前爪使劲往洞口内刨土，而它每刨开一堆土就会让自己往上爬一步，慢慢地，它越来越往上升，最后居然爬到了洞口，然后纵身跳了出来，跑到雯雯身边。

从那以后，雯雯无论遇到什么困难都不会灰心丧气，因为她知道就连大黄狗在面对生命绝境的时候，尚且懂得不放弃，坚持希望，努力寻找出路，更何况是作为高等动物的人类呢？

生活中，我们难免面对各种各样的“洞口和陷阱”，出路就在眼前，要想挣脱苦难、摆脱困境，从“洞口和陷阱”里脱身而逃，就看我们愿不愿意咬牙坚持，将身边的泥土刨出来垫在自己脚下。

巴尔扎克说：“苦难对于天才是一块垫脚石。”坚强的人，不怕苦难，事实上，在生活中，我们遇到的每一个苦难，每一次失败，都是人生历程中的一块垫脚石，战胜它，你就获得了出路和新生，所有苦难终将变成甜蜜的礼物。

2. 你想要的，岁月终将都会给你

你是怎样的，你呈现的作品也是怎样的，所以，你只需要做纯粹的自己，愿意坚持，不急于求成，脚踏实地，不慌不忙，用心经营你的人生、你的作品。你想要的，岁月都会给你。

坚持就能成功，这句话很多人都挂在嘴边，可真正能做到的却寥寥无几，因为坚持或许很漫长，很痛苦。如果不是真心热爱，你就会着急，甚至半途而废；如果不是真心热爱，你就抵御不了那些痛苦和折磨，然后缴械投降。

20 世纪 80 年代末，改革的春风吹遍大江南北，老贾想去这大风大浪里历练一番、试试身手，于是，他来到了改革的最前沿——深圳。初来乍到，工作并不好找，他只得在一家工地挑砖头，每天 12 元，晚上加班每小时 2 元。当然，说好了要闯出一片天，肯定不能一直挑砖头，他在寻找更好的机会。后来他又瞄准了一份销售工作，开始推销市场走俏的保健品，因为点子多、肯吃苦，慢慢的，他被提拔为业务经理。敏锐的他发现其实可以找技术人员自主研发、自主生产和销售产品，于是他拿着攒下的积蓄和部分借来的资金，开始了人生第一次创业。

孟子说："天将降大任于斯人也，必先苦其心志，劳其筋骨，饿其体肤，空乏其身，行拂乱其所为也，所以动心忍性，增益其所不能。"

就在他事业蒸蒸日上、踌躇满志的时候，行业内的一起保健品事故让整个行业变得不景气了，而他的工厂也在这次事故中倒闭了，他也因此负债累累。大家以为，老贾可能就此一蹶不振了。

但是，老贾是一个不轻易言败的人，他想要做的事情绝不会忘记，他想要做出一番事业的决心也绝不会因为遭遇困境而改变，跌倒了，站起来就好了。

于是他跑遍全国，四处考察、观察市场和新型技术。两年后，他再度创业，重新站起来的老贾更加成熟睿智，对商业的嗅觉更加敏锐。他瞄准了一个新的保健类产品，这一次，新型的生物技术和营销方式，让他获得了人生的第一桶金。后来他又投资房地产和互联网公司，而这些投资都获得了高额的回报，他说："不管怎样，坚持就好，你想要的，岁月终将都会给你，只要你坚持不懈、永不言败。"

你是怎样的，你呈现的作品也是怎样的，所以，你只需要做纯粹的自己，愿意坚持，不急于求成，脚踏实地，不慌不忙，用心经营你的人生、你的作品。你想要的，岁月都会给你。

梦想有时候看似需要机缘，但更多的是随时抓住机缘的能力，而这种能力就是在用心经营和脚踏实地的坚持中锤炼出来的。

于乐欣喜地告诉我，他长久的坚持居然真的慢慢靠近了自己的梦想。他说，很早以前他就特别想做一位心理咨询师，因为工作太忙，报考的心理咨询师培训也一直没去参加，但是自己的梦想不会忘，所以只要一有空，他就会看书学习。几年之后，他终于抽出时间来考试了，充足的准备让他一次就取得了梦想的证书，当然，一个证书不能说明自己的成就，而长久的坚持能让梦想的轮廓慢慢浮现。没多久，他偶然获得了一个公益心理咨询师种子师资的培训机会，多年的工作经验和刚刚拿到的心理咨询师资格证帮助他获得了这次千载难逢的种子师资的名额。之后，他又在课程上认识了他的导师，导师慧眼识珠，收他做关门弟子，从此，他的学问又上了一个台阶，于是就有了后来他的梦想成真和喜悦。

我们发现，越是“只问耕耘，不问收获”的人，反而能够收获满满，因为对于积极努力的人，岁月是不会亏待他的，他想要的，岁月都会给他。

3. 你所面对的，一切都源于你自己

你的世界，由你创造，你若充满爱，你就活在充满爱的氛围里；你若满怀仇恨，你就活在地狱里。

安安 20 岁的时候恋爱了，男友对她特别好，就在他们打算结婚的时候，男友被查出得了尿毒症，安安哭着告诉男友，她已经受够了一个家庭没有爸爸所带来的伤痛和艰辛了，因为无法接受这个事实，最后，她离开了男友。

几年后，安安在另一个城市开始了新的生活。一个离过婚带着一个小孩的单亲爸爸对安安展开了热烈的追求，虽然也曾心动，但是经过百般犹豫，安安还是拒绝了他，因为她不想一开始就是一个组合家庭。

之后，一个勤劳上进的小伙子闯进了她的生活，安安又犹豫了，她

欣赏他的志气，可是觉得自己等不起，因为她无法看到他的未来，等到她终于准备接受他的时候，小伙子因为追得太久早已心灰意冷。

后来，又有两个年轻帅小伙陆续闯进了她的生活，还是因为各方面条件不理想被安安拒绝了。

闺密问安安："你为什么那么挑剔，你现在都成了大龄剩女了。"安安告诉闺密，她9岁那年父亲因为肝癌永远地离开了她们，从此妈妈又当娘又当爹，含辛茹苦地撑起了这个家，贫穷和生活的艰辛给她的恋爱婚姻观带来了根深蒂固的影响，所以她无法接受有重大疾病的男友，也不想找组合家庭，更不想找太穷的，她说她再也不想过那种贫苦寒酸的生活了。

为什么安安的寻爱之路有那么多挫折呢？真的是因为童年的阴影吗？可是我们看到很多单亲家庭的孩子反而会更加懂得爱他人和另一半，也更能懂得苦中作乐和知足常乐，还有很多更加不幸的孩子，也不会因此绝望或寄希望于他人，他们反而更加懂得生活和命运要靠自己创造。

可是遭遇了这样的经历毕竟不是一般人能够承受的，如果有人能够提醒她，爱是付出，不是索取，如果不懂经营爱情和婚姻，总是寻找那个所谓理想的另一半也是无济于事的；或者可以告诉她，要想改变一切，首先要改变自己，因为，自己才是一切的根源，那么，或许，她的人生又会不一样。

我们在学生时代就学过："外因是变化的条件，内因是变化的根据，外因通过内因而起作用。"可是读得懂，未必就会运用。日常生活中，我们总是被外界事物的本身操控和影响着，却忘了我们对事物所持有的看法是能够改变它们的。

周立波有句名言说："出问题先从自己身上找原因，别一便秘就怪地球没引力。"这话糙理不糙，放弃对外物的追寻，把重心放到自己身上，你会发现，你所面对的一切都源于你自己，和你怎样去看待事物有关。

苏东坡，才华洋溢，堪称宋代文学最高成就的代表人物，他有一个相知甚笃的方外之交佛印禅师，平时二人喜欢在佛学、文学上相互切磋，但每次佛印禅师占尽上风，苏东坡心里总觉不是滋味，所以百般用心，想让佛印下不了台。

一天，两人相对坐禅，苏东坡心血来潮，问佛印禅师：

"你看我现在禅坐的姿势像什么？"

佛印禅师说："像一尊佛。"

苏东坡满怀得意。此时，佛印禅师反问苏东坡："那你看我的坐姿像个什么？"

苏东坡毫不考虑地回答："你看起来像一堆牛粪！"佛印禅师微微一笑。

苏东坡回家后，很得意地向妹妹炫耀，说："今天总算占了佛印禅师的上风。"

苏小妹听完原委，却不以为然地说："哥哥！你今天输得最惨！因为佛印禅师心中全是佛，所以看任何众生皆是佛，而你心中全尽是污秽不净之物，把六根清净的佛印禅师竟然看成牛粪，这不是输得很惨吗？"

你的世界，由你创造，你若充满爱，你就活在充满爱的氛围里；你若满怀仇恨，你就活在地狱里。因此，请不要抱怨他人、家庭和社会，而要不断提醒自己："我，是一切根源。"

当你意识到，我，才是一切的根源，你就会不断地发掘和完善自己。你会发现你不再害怕压力、竞争和困难。你会懂得，让你痛苦的会让你成长，给你制造麻烦的会让你觉醒。

这个世界，没有绝对的幸福，也没有完美的生活，但是你可以创造属于你的幸福和完美生活。

4. 你历经了风雨，才会看到彩虹

没有礁石的阻挡，哪有浪花的激越；没有羚羊的快捷，哪有猎豹的英姿；有了风的拥抱，帆才张开了胸膛；有了雪的映衬，梅越加冷艳高洁。人生的路上，我们时时被挫折环伺，被失败包围，让我们越挫越勇，越败越强，只要不倒下，只要不溃退，失败和挫折就如垫脚石，增加我们的高度，厚重我们的人生。

如果不是那一场突如其来的变故，她或许还在过着她相夫教子、安逸平稳的小日子，而这一场风雨，改变了她的一生，她从此忘我地工作，一路披荆斩棘，创造了一个又一个奇迹，最终成了业界叱咤风云的传奇人物。

她就是董明珠，她原本在南京一家化工研究所做行政管理工作，生活恬静美好，和丈夫举案齐眉，还有一个可爱的儿子，可是这样美好的生活，因为一场意外瞬间倾覆，在儿子 2 岁时，董明珠的丈夫因病去世，沉重的打击让董明珠变得更加坚强，这一事件也成为董明珠人生的转折点，从此，她走上了自己在格力的传奇之路。

风雨过后，就会看见彩虹，你的坚强和执着，终会回报你以绚丽的色彩。

可可也曾经经历过一次狂风暴雨，至今回想过往，都不知道自己是怎么熬过来的，高二的时候，可可爸爸突然去世了，非常突然，冠心病，可可根本就没法接受，他每天都好难受，每天晚上躲在被窝里哭，爸爸的音容笑貌历历在目，想起爸爸因为自己的学习优异而自豪，逢人就夸自己懂事，学习成绩好，可可特别想继续好好学习，好让他泉下有知。因此，可可让自己背负了特别大的压力，然后变成了强迫症，自己都控制不了的强迫症，每天晚上重复地做一道题，做到想吐还要继续做，半夜还要起来检查书包放没放好，考试看题也是，明明已经看明白了，还接着重复看，生怕看漏。最后还开始胡思乱想，总觉得同学在嘲笑自己，不敢看别人的眼光，根本无法集中精力听课，不得不申请在家复习功课。

后来，高考结束，可可进入了国内知名的一本院校，他的强迫症也轻了很多，煎熬的日子终于结束了，他再也不会自暴自弃了。现在，可可在一家500强企业上班，家庭生活也很幸福。

可可说："无论生活如何艰难难熬，千万不要放弃自己，只要在绝望之中能咬牙坚持，就能看到前方的美好，但请一定记得，实在撑不下去一定要找人倾诉，不要像我当年一样，独自扛着扛出个精神病来。"

没有礁石的阻挡，哪有浪花的激越；没有羚羊的快捷，哪有猎豹的英姿；有了风的拥抱，帆才张开了胸膛；有了雪的映衬，梅越加冷艳高洁。人生的路上，我们时时被挫折环伺，被失败包围，让我们越挫越勇，越败越强，只要不倒下，只要不溃退，失败和挫折就如垫脚石，增加我们的高度，厚重我们的人生。

风雨和彩虹是一对孪生姐妹，经历风雨，才能看到彩虹，痛苦和快乐也是这样，痛苦会让你更加珍惜当下的快乐。在人生的旅途中，重要的不是结果，而是过程。如果旅途中总是一帆风顺、一成不变、乏味单调，那又有什么快乐幸福可言呢！人生是由许许多多的元素组成的，有困难、有幸福、有悲伤、有欢乐，而正是有了这些，我们的生活才变得丰富多彩，我们的眼界才变得辽远开阔！我们也才能在与这些痛苦、悲伤的斗争经历中，在享受人生的幸福与快乐中，认识世界，完善自己，才会使自己的人生更加丰富绚丽，更加耀眼夺目。

5. 你不战胜自己，就没资格去谈成功

我们的心里住着两个人，一个天使，代表着美好和积极，一个是魔鬼，代表着丑恶和消极，他们是一对亲密敌人，战胜了失败，你就会收获成功；战胜了胆怯，你就会收获勇敢；战胜了懒惰，你就会收获勤奋；战胜了骄傲，你就会收获谦逊；战胜了固执，你就会收获协调；战胜了偏见，你就会收获客观；战胜了狭隘，你就会收获宽容；战胜了自私，你就会收获大度。

他花费50万元帮公司做了一个营销活动，结果一无所获。他十分愧疚，给总裁递上了辞职信，说要为这个失败的活动负责。总裁拒绝了

他，说：“如果你真的想负责，那就好好写一个总结，总结为什么会失败，让我们引以为戒吧。”半年后，他的总结帮助公司在另一个项目上避免了一个超过100万元的损失。

他说：“失败和成功是亲密的敌人，它们总是紧密相连，在你最失败、最难熬的那段时间，可能是你成长最快、最能成功的那段时间。”

小时候，在农村长大，大人们在茶余饭后总爱谈及鬼神之说，于是，我幼小的心灵变得特别脆弱，怕黑，胆小，甚至连一个人睡一间房都不敢，但是爸妈一点也不了解我。

那天，爸爸去矿洞上守夜了，妈妈去镇上的小店值夜班了，我不得不一个人在家睡。到了晚上，我瑟瑟地躲在被子里，战战兢兢，以为某个女鬼或许正在窗外徘徊，或者就在屋子里，她一定长得恐怖极了，她会不会吃了我，我会不会也变成……我怎么办？就这样，我脑海飞速运转着这些惊悚画面，我甚至不敢睁开、不敢开灯，我怕我会看得更加清楚。终于熬到了半夜，外面的野猫又叫起来了，呜呜呜……恍如婴儿的凄厉的哭声，我真的害怕极了，虽然明知道是野猫，却把猫也视作鬼魅一样的怪物。

就这样，恍恍惚惚，不知不觉，我睡着了。

第二天早上醒来，我睁开蒙胧的睡眼，看到窗外阳光明媚，鸟语花香，我才恍然大悟，什么怪力乱神，都是胡编乱造的故事，反而是我自己把自己吓得一晚上都没睡好。

其实，我们还有一个亲密敌人，那就是我们自己。

在现实生活中，我们会自己给自己设限，自己吓唬自己，把原本无须焦虑的事情无限地放大，仿佛泰山压顶、来不及躲闪一般，事情过后，才恍然大悟，原来是杞人忧天。

有时候，我们需要战胜的不是别人，就是自己。

美国从事性格分析的专家罗伯特·菲利浦有一次在办公室接待了一个因企业倒闭而负债累累的流浪汉。

眼前这个人，眼神茫然、神情沮丧、乱糟糟的胡须以及绝望的神态，令罗伯特感到吃惊，他想了想，说："如果你愿意的话，我可以介绍你去见一个人，他可以帮助你挽回你的所有损失，让你东山再起。"

流浪汉立马跳了起来，抓住罗伯特的手，急切地说："看在上帝的份上，请带我去见这个人。"

罗伯特把他带到一面高大的镜子面前，指着镜子说："就是这个人。在这世界上，只有这个人能够使你东山再起，你以为你的失败是因为外部环境或者别人吗？不，你只是输给了自己。"

流浪汉对着镜子里的人从头到脚打量了几分钟，用手摸摸他长满胡须的脸孔，然后蹲下身，哭了起来。

几个礼拜之后，罗伯特在街上碰到了这个流浪汉，他西装革履，昂首挺胸，步伐轻快有力，原来那种绝望、沮丧的神情已经消失得无影无踪了。

后来，那个人真的东山再起，成为美国小有名气的富翁。

我们的心里住着两个人，一个天使，代表着美好和积极，一个是魔鬼，代表着丑恶和消极，他们是一对亲密敌人，战胜了失败，你就会收获成功；战胜了胆怯，你就会收获勇敢；战胜了懒惰，你就会收获勤奋；战胜了骄傲，你就会收获谦逊；战胜了固执，你就会收获协调；战胜了偏见，你就会收获客观；战胜了狭隘，你就会收获宽容；战胜了自私，你就会收获大度。

第九章

你要坚信，每一天的太阳都是崭新的

你的内心不乱，你就不会被外界左右；你不要奢望太多，你就会获取平静的心。因此，你要坚信自己的选择，不动摇，使劲跑，明天会更好。

1. 在拼搏的路上，幸运之神钟情于早起的人

早睡早起，当别人还在被窝里做着梦时，你已经走在为梦想拼搏的路上，幸运之神自然也会更加亲近你。

古语说："一年之计在于春，一日之计在于晨。"

诗人威尔科克斯说："一天之中最美好的时光在黎明。"早起的人最懂得早起的好处，当你从甜美的睡梦中醒来，推开窗，感受清晨阳光的温柔，深深地呼吸一下，再步履轻盈地忙活着你的温馨早餐，或是慢跑在林间小道上，感受清新的空气迎面扑来，感受清脆、悦耳动听的鸟叫虫鸣，感受顿觉神奇气爽、舒畅惬意，就这样，美好的一天开始了，你变得更加乐观积极，昨日的种种，不管是快乐还是忧伤，不管是平静还是愤怒，都已成为过去，就今天，就现在，一个崭新的开始正在迎接你。

新的一天开始了，我们可以继续勤劳地奋斗在自己的工作岗位上；可以跟家人团聚，陪伴父母孩子，感受亲情的温存；可以去旅游、去走走看看，开阔视野；也可以像江一燕一样去山区支教，去关爱贫穷儿童；还可以像大连宋大妈一样，关爱残疾孤寡老人，帮他们理理发，给

他们的心灵带来一丝慰藉，并释放更多自我的价值。

新的一天，蕴含了无限新希望，这是一个新的开始，只要你充满了正能量，阳光会一直温暖如初，风雨也将化作甘露滋润你的心田。

如果你有早起的习惯，你就会发现，你一天的时间似乎多了很多，头脑也更清晰，这多出来的时间让你可以做很多事情，等你用充足的时间圆满地完成你的任务和目标，那种付出带来的收获会让你特别有成就感。因为时间如此珍贵，抓住了它，你就抓住了希望和未来。正如南怀瑾说过的那样，“能控制早晨的人，方可控制人生。”早睡早起，当别人还在被窝里做着梦时，你已经走在为梦想拼搏的路上，幸运之神自然也会更加亲近你。

2. 当下就是最好的时机，你要有足够的勇气抓住

不要一直等待时机，时不待我，机会只有一次，天时地利人和可遇不可求，只要你有足够的勇气，当下就是最好的时机。所以，抓住这仅有的一次机会，就趁现在。

公司来了个新员工，勤劳踏实，领导交代的事情都能很快完成，并力求完美，其他员工把工作推给他做，他也不介意，默默地帮他们完成。

主管看到他勤快、做事麻利，有心叫他帮忙跟着做其他事情，尽管

是义务帮忙，可他一点都不介意。

突然有一天，老板要开分公司，主管被提拔到新公司任高层管理。走之前，主管跟老板建议为那位新员工升职加薪。

其他老员工纷纷议论，为什么那么多为公司效力多年的老员工没有得到晋升，偏偏是那个新员工？

主管给他们答案是："因为他不怕吃亏，做事勤快、有效率，因此他学到了很多东西，包括晋升岗位所需的知识和技能；你们这些老员工却怕吃亏，能偷懒就偷懒，能拖延就拖延，自然没有长进，你们这样让我如何推荐你们？"

因为懒惰、借口、计较、害怕吃亏、害怕吃苦、短视，我们很容易患上拖延症。我们做的每一个事情都是在为自己而做，常言道："少壮不努力，老大徒伤悲。"不能战胜自己的懒惰的人，永远无法赶上成长的快车道；怕吃亏、怕吃苦的人，只会面临更多困苦；每一次收获都是努力的结果；没有人生来就是成功的，你的心态决定了你的未来。

心理学家沃尔特·米歇尔曾经做过一个著名的心理学实验。在实验中，小孩子有两种选择：要么立刻吃到 1 个棉花糖，要么 15 分钟后得到 2 个棉花糖。经过 20 年的追踪调查，他发现，当初选择等 15 分钟拿到 2 个棉花糖的孩子，基本在任何方面都要优于迫不及待就吃掉糖果的孩子。因此，人们得出结论，失败的人更难抵制诱惑，而其根源就是意志力的缺乏。

《Change Anything》的作者重复了这个实验。最初，只有 1/3 的孩子能坚持 15 分钟。然后，作者对实验过程进行了调整，在实验前先教孩子们一些技巧，例如转移注意力等。结果能抗拒诱惑的孩子多了 50%。

很多时候，我们不能坚持某个计划后，只是简单地将其归为自己意志力薄弱，一方面痛恨自己，一方面又觉得自己无可救药。而实际上，对任何人来说，意志力就像一个人的精力一样，都是有限的。“坚持就是成功”的实现，除了意志力，更需要配合一定的方法和技巧。掌握了这些方法，我们才能成为那 10% 的人。

日本女医生吉田穗波，在陆续生了 5 个孩子、全职工作的同时，考取了哈佛并留学两年，还出了本叫作《就因为没时间，才什么都能办到》的书。在她看来，责任、理想和价值是可以同时进行的，而她真的都做到了，她说，只要学会时间管理，你就可以。

很多人都有不同程度的拖延症，拖延症也曾让我吃了大亏，因为懒惰，我不断地给自己找借口，于是我想考的证书一直没考下来。都说，一个人，如果你不逼自己一把，你根本不知道自己有多优秀，大概就是这个道理，戒掉拖延症，你会收获不一样的人生。

因此，我们应该努力培养出一些好的习惯，因为这些习惯决定了我们的状态。

从小我们就学过，今日事，今日毕。改变一种行为，凡事都不要拖到明天，否则它会变成你的习惯。尝试让自己忙碌起来，尝试了你就会发现，越忙就越充实，也越懂得规划自己的时间，而懒懒地躺在那里，时间反而变得漫长又枯燥。

戒掉拖延症，想做什么就动手去做。任何时代都不需要思想上的巨人、行动上的矮子。学会制订计划、主动承担，计划和承担会让你有紧迫感，执行力自然也跟着提高了。

不要一直等待时机，时不待我，机会只有一次，天时地利人和可遇不可求，只要你有足够的勇气，当下就是最好的时机。所以，抓住这仅有的一次机会，就趁现在。

不要期盼岁月会给你带来惊喜，岁月是会给你想要的，前提是你够努力。

更不要想着未来再努力。因为我们当前每一分、每一秒所做的事情都会影响到未来。现在不努力，未来就更不会努力了。

每个人心中都有一张梦想的蓝图，重要的不是你的梦想有多伟大，而是你能活在当下，一点一点地去把心中的蓝图在现实中构建出来。

3. 每天给自己一个希望，你的将来会越来越美好

生命是有限的，但希望是无限的，只要我们不忘每天给自己一个希望，我们就一定能够拥有一个丰富多彩的人生。因为你的关注在哪里，你的能量就会在哪里起作用，如果你关注的是问题，你眼前就被一个很大的问题挡着你，你关注的是美好，美好就会被放大。所以，每天给自己一个希望，不为明天烦恼。

有位医生年轻有为，医术高明，可就在事业蒸蒸日上之际，被诊断患有癌症，这对他无疑是当头一棒，他曾一度情绪低落，痛不欲生。后来，他不但接受了这个事实，心态也变得更宽容、更谦和、更懂得珍惜

所拥有的一切。他在勤奋工作之余，坚持与病魔搏斗。就这样，不知不觉中，他已经平安地度过了好几个春秋。有人被他的奇迹所震撼，就问他是什么神奇的力量在支撑着他。

这位医生微笑地答道：“是希望，每天早晨，我都给自己一个希望，希望我能多救治一个病人，希望我的笑容能温暖身边的每个人，希望我能给大家带来正能量。”

这位医生不仅医术高明，做人的境界也很高。

阿美说，好不容易熬过柴米油盐，老公却在外面有了私生子，言语已经无法形容自己的痛苦了，整夜整夜的泪湿枕巾是那段灰暗生活的最好见证。所幸有一对儿女，儿子乖巧，女儿伶俐，有儿有女，凑成了一个“好”字，阿美，突然醒悟，有这么一对可爱的儿女，为什么还要在痛苦中徘徊呢？和孩子们在一起，每天都有好心情，每天都充满了新希望，她要用自己的正能量为孩子们创造一个美好的未来。

在这个世界上，有许多事情是我们所难以预料的。我们不能控制际遇，却可以掌握自己；我们无法预知未来，却可以把握现在；我们不知道自己的生命到底有多长，但是我们却可以安排好当下的生活；我们左右不了变化无常的天气，却可以调整自己的心情。只要活着，就有希望，只要每天给自己一个希望，我们的人生就一定不会失色。

每天给自己一个希望，就是给自己一个目标，给自己一点信心。希望是什么？是引爆生命潜能的导火索，是激发生命激情的催化剂。每天给自己一个希望，我们将活得生机勃勃、激情澎湃，哪里还有时间去叹息、去悲哀，将生命浪费在一些无聊的小事上？无论今天发生多么糟糕的事，都不应该感到悲伤；今天是你往后日子里最年轻的一天了，因为有明天，今天永远只是起跑线。

生命是有限的，但希望是无限的，只要我们不忘每天给自己一个希望，我们就一定能够拥有一个丰富多彩的人生。因为你的关注在哪里，你的能量就会在哪里起作用，如果你关注的是问题，你眼前就被一个很大的问题挡着你，你关注的是美好，美好就会被放大。所以，每天给自己一个希望，不为明天烦恼。

4. 你想将来了不起，请拿起奋斗这个抵御碌碌无为的最好武器

为什么安于现状、裹足不前的人越发容易哀叹贫穷、麻木不仁，反而有人在使劲折腾中，却一步一步实现了自己的目标。因为，不努力，你永远无法前进，不努力，你就看不到转机，不努力，你甚至会被淘汰，所以，奋斗，才是抵御碌碌无为的最好武器。

宋仁宗在闲暇的时候，喜欢悄悄地在皇宫里面四处溜达。一次，当他走到偏殿时，忽然听到有争吵的声音，他躲在柱子后面一看，原来是自己的两名侍卫在聊天。侍卫甲认为，人的命运不是命中注定的，只要努力就可以改变；侍卫乙却认为，他们都是伺候皇帝的人，命运自然是由皇帝决定的。两人谁也说服不了对方，所以争吵不休。

宋仁宗听了感觉十分有趣，他忽然想起来，侍卫队原来的队长升职

了，这个职位暂时空缺，还没有找到合适的人选。于是，宋仁宗悄悄回到自己的房间，拿起笔来在两张纸条上写下了相同的一句话：“谁先到达你那里，就让他成为侍卫们的队长。”然后，他将纸条分别装到密封的小金盒里。

接着，宋仁宗派人叫来侍卫乙，让他带着一个小金盒送到负责皇宫内务的一名主管那里。侍卫乙离开之后，宋仁宗估计他差不多已经走到半路时，又叫来侍卫甲，同样给他一只小金盒，也让送到那名主管那里。

不久，主管传回来的消息说，他按照皇帝的旨意，已经推荐侍卫甲成为队长。宋仁宗特意安排了侍卫乙先去，让侍卫甲落在后面，为什么结果却是这样？原来，在侍卫乙和侍卫甲离开之后，宋仁宗又安排了两名侍卫，分别在半路上拦住他们打招呼，侍卫乙遇到可以聊天的人很开心，他从昨天晚上做了什么梦到中午吃了什么饭，聊得不亦乐乎；侍卫甲却一心惦记着要完成自己的任务，他只是匆匆打了声招呼就继续往前走，直接把小金盒送到了主管那里，仅仅因为抢先了几步，他就得到了一个改变自己命运的好机会。

最后，宋仁宗感叹道：“看来还是侍卫甲说得对呀，人如果自己不努力，就连皇帝也帮不上他。”这个故事告诉我们，人如果主观不努力，再好的机会也会失去。

为什么安于现状、裹足不前的人越发容易哀叹贫穷、麻木不仁，反而有人在使劲折腾中，却一步一步实现了自己的目标。因为，不努力，你永远无法前进，不努力，你就看不到转机，不努力，你甚至会被淘汰，所以，奋斗，才是抵御碌碌无为的最好武器。

俞敏洪是出了名的“拼命三郎”，他时常说：“我的智商非常一般，就是比别人勤奋。”俞敏洪平均每天工作16—18个小时，如果没有应酬，平均每日三顿饭的时间加起来不超过半个小时。他时常鼓励年轻人，要去闯、去努力、去奋斗，不要怕失败，不要怕艰苦。只要不做坏事，只要保持良心，剩下的什么事情都能去做。

成功不是因为运气，而是因为有不懈的奋斗，奋斗的人永远在找方法，不想干的人永远在找理由。世界上没有走不通的路，只有想不通的人。喷泉之所以漂亮，是因为有了压力；瀑布之所以壮观，是因为没有了退路；水之所以能穿石，是因为有了目标而持之以恒。

苏格拉底说：“人类的幸福和欢乐在于奋斗，而最有价值的是为了理想而奋斗。”

从银行柜员到VC女王的徐新，是一个一直活在理想和奋斗的路上的坚强并快乐的女人。

她一直很有自己的理想，并愿意为之奋斗，大学毕业后，她被分配到中国银行做柜台营业员，工作简单轻松，但是她依旧每天特别认真地工作，凡事做到精益求精，因此斩获无数荣誉，可是没有进步的感觉让她对这种生活状态还是不满意。

但是一贯的上进心和出色的表现，为她赢得了一个中国政府和英国政府联合帮助中国培养英国注册会计师的名额，经过严格的层层选拔，她顺利参加香港的普华会计师事务所的培训，并考上了英国注册会计师，也因此迎来了她人生中一次非常重大转折。

如果徐新不是因为一直有上进心，用奋斗在普通的岗位上谱写了不普通的篇章，她是不可能争取到中国银行给到的那次难得的机会的。而在普华工作的三年，她学会了工作不仅要努力，而且要拼命的，老板交给的活儿没干完是不可以睡觉的，但那恰恰也是她进步最大的三年，那三年她还利用业余时间，拼命复习考试，三年考完了 18 门课，通过了英国注册会计师考试。

奋斗不止是在贫穷窘迫时候的利器，具有奋斗精神的人，即使锦衣玉食也不会忘记生命不息，奋斗不息的道理。原本徐新和老公两个人都是银行职员，日子过得轻松富足，周末打打高尔夫、看看电影，想旅行度假了就直接飞往欧洲。可是不安分的心，促使她做了第三次重大的选择，她先是投资中华英才网，当上董事长，然后创立了今日资本。自从创业，徐新夫妻俩每个周末都在工作，还整日要为公司经营操心，她说："当你要把家里的存款拿出来给几百号员工发工资时，心里是有点恐慌的，创业者最大的压力就是，所有的问题到你这都要有答案，其实有时候你并不知道答案在哪里，可你还要硬着头皮给员工说面包会有的，牛奶会有的，一切都会有的。"

如今，徐新觉得每一天都很开心，每天都踏着舞步去上班，每天都在学习在进步，因为她找到了自己的理想，正是奋斗帮她实现了自己的理想。

5. 不要让别人的目光，成为你的地狱

我们经常一厢情愿地放大了别人的看法，以为别人都在目不转睛地盯着我们，而那看法和目光，像一把无形的利剑一样直击我们的内心，束缚了我们的行为。实际上，别人没有那么在意你，你以为的别人的目光和看法，只是你对自己的判断和投射。你把自己的恐惧放大，然后躲在那个巨大的阴影里畏缩不前。

有段时间我因为工作需要报考了一个演讲口才训练班，练习了三天之后我开始打退堂鼓了。我发现大家都出口成章、声情并茂，而就我因为紧张得磕磕巴巴，声音嘶哑，甚至还断片儿，那种站在台上无处可逃，恨不得找个地缝钻进去的感觉逼迫得我面红耳赤，羞愧难当。

课后，我向同班同学请教。我说："我真的好紧张，不由自主的紧张，再加上你们一个个那么厉害，我觉得跟你们一起练习压力太大，我甚至不敢看你们的眼睛，我想你们肯定在心里鄙视我。"

同学告诉我："其实每个演讲高手都是这样过来的，我们曾经也磕磕巴巴，不知所云，所以我们会认为这是再平常不过的事情，而你认为的我们的鄙视目光，只是你的假想而已，著名主持人窦文涛还曾爆料自己第一次演讲的时候还吓得尿裤子了呢，后来人家卸下内心的包袱之后越讲越好，成了全国知名主持人。"

我们经常一厢情愿地放大了别人的看法，以为别人都在目不转睛地盯着我们，而那看法和目光，像一把无形的利剑一样直击我们的内心，束缚了我们的行为。实际上，别人没有那么在意你，你以为的别人的目光和看法，只是你对自己的判断和投射。你把自己的恐惧放大，然后躲在那个巨大的阴影里畏缩不前。

你认为自己五音不全，所以不敢在 KTV 里放声高歌，可当你听到他人跑调的歌声你会淡然一笑。你剪了一个失败的新发型，觉得没脸见人，结果遇到朋友换了个糟糕的新发型，你也会觉得其实还不错。你在路上摔了一个大跟头被人看见，觉得羞愧难当，可是当你看到别人摔了一跟头的时候你觉得没什么大不了。生活中难免有各种失败和出丑的时刻，如果我们自己的内心放大了这些失败和出丑的严重性，我们就会觉得自己被众人耻笑、自己非常丢人。但事实是，别人根本没有那么在意，即便被他人无关痛痒地嘲笑了一番，那也只是当时的玩笑而已，谁也不会对此保持长久的注意力。

多年前的冬奥会，关颖珊出现了重大失误，与奖牌失之交臂。第二天的报纸、各大网站刊登的都是她摔倒的照片。即便她过去完成过一个又一个高难度的动作，且一次又一次优雅地站在领奖台上，现在却依旧要面对电视里滚动播出的失败的画面，但她却坦然地说："很遗憾，但这就是生活。"

成熟的运动员都已训练出这样一份坦然，无论有多少人在看着你，无论成功还是失败，都不必太在乎别人的目光。那么，我们呢？如果因为害怕别人的目光而不敢去挑战自己，去做自己想做的事情，那只能说明我们还不成熟。可是，亲爱的，外面没有别人，我们以为的刺眼的目光，源于我们自己对自己的判断，还有我们的自尊心、竞争心，以及对于主流价值的认同和渴望、对于失败和落后于人的恐惧和厌弃。其实，哪里有什么别人的目光？

在他人眼里，我是怎样一个人？我是个成功者还是失败者，每个人的内心，潜藏着对自身“身份”的一种难言的焦虑。这种焦虑是多余的吗？又有谁曾真正审视过这种“身份”的焦虑呢？

人为什么要追求显耀的身份？

他人对我们的关注之所以如此重要，主要原因便在于人类对自身价值的判断有一种与生俱来的不确定性——我们对自己的认识在很大程度上取决于他人对我们的看法。如果我们讲出的笑话让他们开怀，我们就对自己逗笑的能力充满自信；如果我们受到他人的赞扬，我们就会对自己的优点开始留意。反之，如果人们甚至不屑于瞥上我们一眼，我们很可能会对自己产生怀疑，觉得自己一无是处。

我们的“自我”或自我认知好比一个气球，任何时候，我们都需要他人的爱来填充自己的内心，而经不起哪怕是针尖麦芒大的刺伤。我们的情绪因此变得难以理喻，一会儿因他人的褒扬而开心，一会儿为他人的漠视而伤怀。同事的一句心不在焉的问候，几通没有应答的电话就可能使我们闷闷不乐；而如果有人记住了我们的名字，或送来一个花篮，我们又会觉得生活充满阳光，人生何等惬意！

不要让别人的目光，成了你的地狱。一个人太在意别人的眼光，归根结底是因为自己太弱小。

6. 好好地工作，你的人生才能有声有色

给自己设定目标，规划人生，心中有了梦想，坚持不懈，相信持续的付出总有回报，常常激励自己，从现在开始，我要对我的生活和快乐负责任，我为自己设定目标，我很坚强，而且充满信心，我要发展自我，创造我的生活，什么也阻挡不了我，我乐意看到别人成功，也希望自己能成功。

他 13 岁时开始在父母的加油站工作，父亲让他在前台接待顾客。

当汽车开进来时，他在车子停稳前就站的司机门前，忙去检查油量、蓄电池、传动带、胶皮管和水箱。他总是多干些，帮助司机擦车身、擦挡风玻璃和车灯上的污渍。他发现，如果他做得好，顾客还会再来光顾。

有一次，一位老太太开着她的车来清洗和打蜡，该车内的地板凹陷极深，因此不太好打扫。老太太又非常苛刻，每次当他们把车准备好时，她都要再仔细地检查一边，要他们重新打扫，直到清除每一缕棉绒和灰尘她才满意。他真的受够她了，他父亲告诫他："孩子，这是你的工作！无论客户说什么和做什么，你都要记住，做好你的工作，并且有礼貌地对待每一个客户。"

他每天放学后就开始为父母工作，周末则从早上一直做到晚上。起

初，父母一小时付他 50 美分，三年后涨到 1.1 美元。在父母的帮助下，他还学会了如何安排自己的收入。

他说，正是在加油站的工作使他学到了严格了职业道德和应该如何对待自己的工作和客户。

后来，他成了美国最大的小企业组织全国独立企业联盟的主席，他就是杰克·法里斯。

工作是我们生活的一个重要组成部分，它贯穿了我们整个青春，青年以及中老年时代，大多数时间我们都在工作中度过。

有人说，按 80 岁的生命计算的话，扣除你睡觉、吃饭、聊天、娱乐、节假日的时间，我们能为自己事业奋斗的时间也就只有 1200 天左右。

他们说，工作的时间那么长，所以找工作就得像谈恋爱一样，找个自己喜欢的。而面对自己选择的工作，就要用心去做，努力去干，尽量提高自己各方面的能力，不要抱怨工作的辛苦，多些包容，因为太斤斤计较，最终将阻碍了自己的发展。

感恩公司给了我们展示自己的舞台和继续深造的机会，用全力以赴的工作回报公司的信任是最好的方法。努力工作也是对自己的一种肯定，对自己的人生负责。

面对激烈的竞争，特别是处在大城市的你，努力工作是最实在的生存法则，否则你可能面临淘汰和遗弃。我们只能通过自己改变命运，我们要学会从容、积极地面对生活，这样生活才能如你所愿。

冈察洛夫说："自尊心、幻想、情思的早熟和智能的呆滞，懒散，这些就是祸根。科学，劳动，实际工作，才能够使我们病态的，浪荡的青年清醒过来。"所以，努力工作，认真过好每一天，才不会让自己越变越傻，越来越呆滞。只有努力工作，才能实现自己的价值；只有忙碌的生活，才能让你充实地度过每个春秋。

给自己设定目标，规划人生，心中有了梦想，坚持不懈，相信持续的付出总有回报，常常激励自己，从现在开始，我要对我的生活和前途负责任，我为自己设定目标，我很坚强，而且充满信心，我要发展自我，创造我的生活，什么也阻挡不了我，我乐意看到别人成功，也希望自己能成功。他们说，活着就是成功，所以我的要求并不过分，我相信上天不会待我太薄，我也有信心通过努力，让机会眷顾我、爱上我。

一定要工作，工作才能让你的人生有声有色；一定要勤劳，勤劳才能创造无尽的财富。

第十章

你配得上拥有世界上的一切美好

这个世界没有你想象的那么坏，因为我们都是这个世界的一部分。这世界上还有很大一部分人，在向着梦想走着，请相信这个世界的美好，即使最后一无所有，可你也至少不会遗憾。在追求梦想的路上，你要想变得坚强起来，需要有个信念：你配得上拥有世界上的一切美好。

1. 如果你是真正的智者，你该感谢那些曾经的伤痛

智者把伤痛和折磨当作命运的考验，他们因此变得宽容、坚强，最后，他们会反过来感谢那些曾经的伤痛让他们变得更加强大。

他到 3 岁才学会说话，就在家人为这个孩子能说话而感到欣喜后不久，一场灾祸发生了，他被一辆汽车撞倒，导致脑震荡，因此还缝了针。从此以后各种疾病就接踵而至，麻疹、水痘、肺炎、湿疹、哮喘、皮疹、扁桃腺肥大……一个病接着一个病，虽然不致命，但要一个孩子整天同病魔做斗争，惨痛可想而知。他至今还清楚地记得自己 10 岁那年面瘫的事。他本准备刷完牙去参加节日游行，可在刷牙的时候，他的半边脸突然提不起来了。他非常渴望去参加游行，但只能再一次被妈妈送往医院。在去医院的路上，他问妈妈："妈妈，真的有上帝吗？"妈妈说："当然有了。"他说："那上帝为什么对我这么残忍，让我总是和医生打交道。"妈妈抱着他的头，对他说："孩子，不是上帝残忍，他也许是在考验你，把你磨炼得超级强大。"

因为面瘫，他不得不接受脊椎穿刺手术。这是成年人都难以忍受的剧痛。医生把一根针扎进他脊椎里。他疼得大喊大叫，但他却没有丝毫

挣扎，没有对医生说：“太疼了，我不做了。”做完脊椎穿刺，面瘫的症状消失了。

但是，不幸并没有放过这个坚强的孩子。面瘫消失后，本来说话就晚的他变得有些口齿不清。为此，他不得不又去令他深恶痛绝的医院，还得去上演讲课。直到上高中，他在众人面前发言，才变得没有障碍。

但是，这个体弱多病的孩子却喜欢打篮球。尽管在篮球场上经常被别人碰倒在地，常常伤痕累累，但他却对篮球永远充满激情。他觉得在篮球场上，自己能强壮起来。由于他的身体实在太弱，没有谁愿意带他打篮球，只有哥哥达柳斯愿意和他一起打篮球。贫困的家里没有篮球场，也没有篮球架。哥俩把一个装牛奶的板条箱固定在一根电线杆上，用铁棍弯成了一个篮球圈。但，这就足够了，哥俩日复一日、年复一年在自家后面的小巷子里追逐着篮球，也追逐着梦想。他的身体越来越强壮，篮球技术也越来越高，高中时，就收到了俄亥俄州立大学提前录取的通知。而在 2009 年的大学联赛中，他有场均 20.3 分、9.2 个篮板和 5.9 次助攻的火热表现。

谁也没想到这个被多种病魔缠身的孩子真的变成了一个超级的巨人。2010 年夏天有众多年轻人参加的美国 NBA 选秀大会上，他以榜眼的身份被费城 76 人队选中。签订了三年价值 1200 万美元的合同。这也是 NBA 规定的榜眼秀所能签订的最大合同。专家们对他的评价是：综合能力极强，融合了天赋、身材、爆发力、篮球智商、篮球大局意识的优秀球员。而此时的他身高 1.97 米，体重 95 公斤，臂展 2.03 米，原地摸高 2.7 米。

他就是埃文·特纳，一个从小多病多灾，长大了居然成了美国职业篮球运动员的超级巨人。

在接受记者采访时，他说："别人的人生满是故事，而我的人生却满是事故。不过，我不埋怨。我和妈妈想的一样，那些疾病，只不过是命运的考验，只为把我磨炼得强大。我反而要感谢它们。"

智者把伤痛和折磨当作命运的考验，他们因此变得宽容、坚强，最后，他们会反过来感谢那些曾经的伤痛让他们变得更加强大。

人人都会经历一段不被人理解和看好的时光，你唯一需要做的就是继续努力，好好地过好自己的每一天，总有一天，那些无聊的幸灾乐祸的人群和声音都会散去，当你真正强大了，你就会感谢那些曾经的伤痛，它们就像一味助推剂，磨炼了你的心志，加速了你的成长。

2. 有时上天没有给你想要的，是因为你值得拥有更好的

任何人与事都会成为过去，时光一去不复返，过去的是永远无法改变的，我们能做的就是把握好眼前的每一分、每一秒，无论多难，不要过去较劲，跟过去较劲就是跟自己较劲，当我们学会抽身而退，以局外人的方式站在时光的旁边，静静回忆过往的点滴，你就会更加明白，不念过去，不畏将来，才是最好的状态。

雪儿的老公有家暴倾向，可怜的雪儿却一往情深，总是一次又一次

地给他机会，其中不堪忍受的时候，也曾想过一死了之，无奈被传统观念束缚，她还是选择了忍耐。后来因为结婚多年没有生育一男半女，老公指责雪儿没有生育能力，于是，夫妻情分走到尽头。

后来雪儿再嫁，老公对她温柔体贴，还有了可爱的宝宝，雪儿从此过上了幸福的生活。回忆往事，雪儿感叹说："我原来真傻，一点也不懂得爱惜自己，差点为了一个不爱我的男人而轻生了，如今想想，那时候真是执迷不悟，死心眼地就认定他一个人，以为没了他就没了全世界，其实是没了我自己，现在我好庆幸我当初没有一条道走到黑，不然我都不知道，原来我值得拥有更好的。"

每一次挫折都是一次给予，每一次失败都是一次进步，每一次失去都是为了更好地拥有。

猴子高考失利之后，再一次复读，还是以失败告终，其中的压力可想而知。后来大专毕业后，他孤身一人跑到北京闯荡。住地下室，啃馒头，面试四处碰壁，北漂人的心路历程他都感受过了一遍，但是他却很坚强，因为经过两次高考失败之后，他反而坚强豁达了："难道还有什么比这更痛苦的吗？已经浪费一年时间了，我不能再荒废时间了，我必须更珍惜时间，好好规划自己的未来。"

带着越挫越勇的决心，猴子坚定方向，必须做业务，锻炼人，成长得也快，于是他找准了一个朝阳行业，一路拼搏奋斗，最后成了公司的高级管理者，他说，正是因为从前的失败，让他更加懂得珍惜，珍惜时间和机会，他抱着一个相信自己值得拥有更好未来的信念，踏踏实实地走好当下的每一步路，如今，他获得了成功。

任何人与事都会成为过去，时光一去不复返，过去的是永远无法改变的，我们能做的就是把握好眼前的每一分、每一秒，无论多难，不要过去较劲，跟过去较劲就是跟自己较劲，当我们学会抽身而退，以局外人的方式站在时光的旁边，静静回忆过往的点滴，你就会更加明白，不念过去，不畏将来，才是最好的状态。

有时候，上天没有给你想要的，不是因为你不配，而是你值得拥有更好的！

3. 你永远不知道下一秒会发生什么，每次结局都是新的开始

每一个故事，都有一个结局，而每次结局都是一个新的开始，人生，有时候需要沉淀，也需要历练。要有足够的时间去反思、去成长，这样才能让自己变得更加成熟、完美和睿智。

肖帆爱耍贫嘴，有段时间尤其不正经，约这个女生吃饭，约那个女生郊游，使劲地要求对方做自己女朋友。表面嬉皮笑脸的人，其实内心最脆弱，有次在饭店喝醉了，他终于酒后吐真言了，说什么异地女朋友跟别人好上了，而自己就像个傻瓜一样，还蒙在鼓里。

后来再见肖帆，还是那副爱耍贫嘴的模样，不过脸上荡漾的是满满的幸福，原来他身边多了一位举止娴静、温柔可人的妻子。原来失恋之后的肖帆在地铁救了一位因严重贫血晕倒的女孩，那女孩心生感激，又

见肖帆满腹才情，一来二往就跟肖帆好上了。肖帆悄悄地感叹说：“失恋那会真的有种生不如死的感觉，一个大男人被女友背叛，真的是种刻骨铭心的痛，而且她还是我的初恋呢，后来浑浑噩噩的也不知道怎么就熬过来，现在想想，那些过去都是过眼云烟，如今我又有了新的开始，我挺知足的，很感激我现在的老婆。”

每一个故事，都有一个结局，而每次结局都是一个新的开始，人生，有时候需要沉淀，也需要历练。要有足够的时间去反思、去成长，这样才能让自己变得更加成熟、完美和睿智。

谈过几次恋爱的人最有体会，经过几段恋情的雕琢，你会发现自己成长了，更加懂得如何去爱了。所以，为什么恋爱过几次之后的人更懂得如何相处、如何照顾对方，即使再次分手也再不会纠缠不休，反而更懂得放下了。

恋爱如此，工作也是如此，只要你在奋斗的路上，哪怕失败，你也会赢得一个更好的新起点，因为，你内心的成长与感悟，只有你自己知道。

爸爸一生都在坚持不懈地奋斗，他做过很多事情，当过村干部，管理过镇上的企业，也自己创业过，有成功，也有失败。记得小时候有段时间，家里的经济状况很不好了，我问爸爸，怎么办？爸爸乐呵呵地说：“已经失败了，那就继续奋斗吧，每次结局都会是一个新的开始，无论怎样，好好活着，活着就有希望，活到老，奋斗到老，我要奋斗到60岁再退休。”后来爸爸创业成功了，再后来又失败，虽然几经起落，但是每一次重新出发的他都会全情投入，总是那么精力充沛。爸爸的坚强和不屈不挠让作为年轻人的我无地自容，爸爸说人生就是这样变幻莫测，你永远不知道下一秒会发生什么，但是每一次结束，必然会开启一个新的历程。

4. 你的努力，能让你成为被尊重的人

尊重是一种高尚的美德，是人一生的修养以及自我内涵的表现，也是人所必须具备的品质。如果你想得到别人的尊重，必须拥有让人尊重你的品质，包括道德、素养、情操和意志等。

2010 年 10 月 2 日，美国《华盛顿邮报》的头版发布了一个整版的讣告及人物介绍，报纸上市后，数以千计的市民来到法拉格特广场，他们在那里点燃蜡烛由衷地哀悼一位不幸病逝的人，这个人，不是什么政要商贾，也不是什么学者艺术家，他只是一位街头小贩，他的名字叫卡尔洛斯。

卡尔洛斯去世时 42 岁，因自幼家境贫寒没能接受更多的学校教育，所以长大后，他没有从事什么高大上的职业，而是在美国华盛顿的法拉格特广场摆了一个卷饼摊。

虽然卡尔洛斯只是一位卖卷饼的小贩，但他兢兢业业，努力做好每一份食物，和每一位顾客都会有感情交流，他从不把经营看成是单纯的交易，每天早上他会微笑着跟那些顾客打招呼，一句“Good morning”让他们感受到城市匆忙节奏中的一丝美好；他还会和那些在附近写字楼

里上班的白领谈论篮球和其他生活琐事；他还能记住几百位常客的喜好，然后根据他们每一个人的口味进行调整，他的用心和热情让每一位顾客都备感亲切。

二十年如一日的经营，让他的卷饼成为当地标志性的小吃，也成了附近许多人的依赖。人们光顾的卷饼摊，不只是得到了美味对口味的红豆卷饼，热气腾腾的咖啡，更多的是卡尔洛斯能与大家朋友般地敞开心扉的温暖交流。

通常来说，一个小贩的逝世，最多是给家人和亲友们带来悲痛，不会在社会上产生多大反响。但是卡尔洛斯的逝世，却引发了那么多认识他的和不认识他的人的哀思，甚至连《华盛顿邮报》这样的大报都在头版都刊登了他的讣告和故事。人们纷纷自发地去他曾经摆摊的地方点起蜡烛，摆上鲜花寄托哀思，表达了对他的哀思和尊重。

卡尔洛斯虽然只是一名普通小贩，但是他热爱生活，懂得尊重他人，为他人带去欢乐，而他人回报他以同样的尊重和喜爱。而那些只想被尊重却不懂得尊重的人，即便拥有体面的工作，恐怕也难以得到他人的尊重。

这让我想起一件事来，有一次，我在家里楼下一个小摊吃面条，老板娘大概遇到什么烦心的事情了，整个下面、煮面的过程中带着几分不耐烦，还一直板着脸，也不多说一句话，让我整个用餐过程感觉非常不舒服，我尽力安慰自己，要多理解别人，她只是心情不好而已，别要求一个非常疲惫的人对着你笑，因为我们在有情绪的时候也很难对人微笑。后来，我匆匆地吃完面就逃也似的离开了这个小摊，此后却再也不愿意光顾这家小摊了。

尊重是一种高尚的美德，是人一生的修养以及自我内涵的表现，也是人所必须具备的品质。如果你想得到别人的尊重，必须拥有让人尊重你的品质，包括道德、素养、情操和意志等。

前段时间，服务员泼开水致女顾客重度烫伤事件，让我们不禁唏嘘，人与人之间，如果少了最起码的尊重和包容，人心将不堪想象，社会也将不再和谐。

做一个被尊重的人，无论身处何方、位居何职，永远对生活热爱，用包容之心看待他人，对他人尊重，你就收获同样的热情与关爱。人心其实很简单，你给我温暖，我还你热爱，你让我欢乐，我为你鼓掌，你投我桃，我报你李。

5. 努力爱你爱的人，你的甜蜜靠你自己

海宁格说，婚姻最终其实是跟自己的能力结婚，想过什么样的生活你就自己努力创造。生活是一门艺术，懂得经营才是正道。找一个真正想与你用心经营生活的人，一起建设你们的爱情。

爱情是人类永恒的主题，人生因爱情而美好，人世间各种凄美感人的爱情故事，经久不衰、流传至今。在亚当和夏娃的故事里，我们知道爱是一根肋骨；在紫霞仙子和至尊宝的故事里，爱是心里的一滴泪；在梁山伯与祝英台的故事里，我们懂得了爱是生死相依；在我的父亲母亲

的故事里，爱是相濡以沫的陪伴……

刻骨铭心、令人感动的爱情实在太多了，孔雀东南飞，五里一徘徊；罗密欧与朱丽叶为情而死；泰坦尼克号沉没后，杰克给罗丝生的希望；金婚老人几十年的相濡以沫……

美好的爱情令人向往，可是近年来，随着科技和社会的进步与发展，以及男女平等观念的深入人心，女生们越来越优秀，越来越独立，她们开始了追求更符合心中理想的爱情，她们考虑的越来越多，要求也越来越高，甚至为此甘做“剩斗士”。

我的一个女领导 30 好几了依旧单身，问她想找什么样的，她笑着说：“希望有咱们总裁的智慧，总监的帅气，刘经理的身高……”以女领导的风姿绰约、精明能干，她确实可以这样要求，可是爱情真的需要标注得那么清楚吗？我真希望她只是说说笑笑而已。

现在的女生都有独立的经济能力，生活肯定是没有问题，愿得一心人，白首不相离，幸福生活触手可及，可是，渐渐地，随着女生认知和独立能力的增长，她们也变得更加吝啬了，不愿意多余付出，急功近利，没有耐心等待苦尽甘来，却有耐心错过一个又一个对你真诚热烈的心。

活着已然不容易，生活也很辛苦，努力爱你爱的人，和你的知心人相守一生吧，无论风雨，无论贫穷富贵，无论困境逆境，无论健康疾病，都爱他，照顾他，矢志不渝。

海宁格说，婚姻最终其实是跟自己的能力结婚，想过什么样的生活你就自己努力创造。生活是一门艺术，懂得经营才是正道。找一个真正想与你用心经营生活的人，一起建设你们的爱情。

然后，努力爱你爱的人，用自己的力量为这份爱做贡献，人心都是肉长的，你若不离不弃，他必生死相依；你若相濡以沫，他必矢志不渝。天长地久的爱情不是神话，它就存在你们细水长流的每个瞬间。

努力爱你爱的人，为他营造一个舒适的居家环境，因为没有人喜欢随意邋遢和没有规律的生活。只要窗明几净，再简陋的屋子也会熠熠生辉；只要屋里充满欢笑，吃得青菜萝卜也甘之如饴；只要那个人也爱你，对你好，没有豪车别墅，日子也能有滋有味，幸福荡漾。

努力爱你爱的人，尽量做一个有品位、懂生活的女人，你生活的状态就是你憧憬的爱情。用一缕芳香的清茶抚慰爱人一身的疲惫；用几句贴心的话让爱人感受温暖；用一顿精心准备的美餐犒劳他一天的劳累；可以听听音乐也可以看看电影，让紧绷的神经找到放松的憩息之地。

努力爱你爱的人，彼此尊重，才有未来，你若温柔，他则便阳刚；你若包容，他则体贴；你若平和，他则温馨；你若淡定，他则睿智。

努力爱你爱的人，一起走过风雨，趟过激流，熬过困境，征服磨难，共同走向那个天荒地老的幸福乐园。

第十一章

你的坚持，必将敲破挡在成功面前的那堵墙

成功的秘诀在于永不改变既定的目标。你既然期望辉煌伟大的一生，那么就应该从今天起，以毫不动摇的决心和坚定不移的信念，凭自己的智慧和毅力，去创造你的快乐。成功最终属于耐心等待的人，在追求梦想的道路上，你要学会坚持，坚信你的坚持必将敲破挡在成功面前的那堵墙。

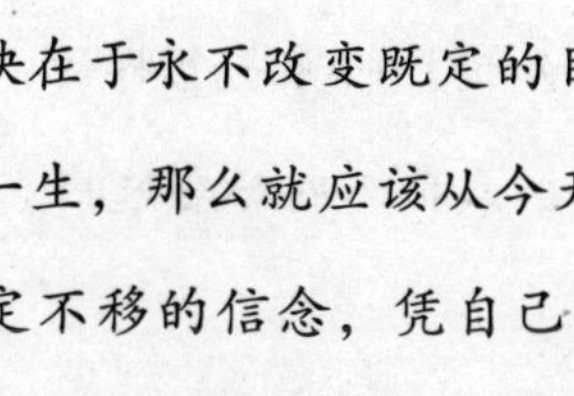

1. 人生是一场旅行，你不要错过沿途的风景

人生是一场旅行，在旅行中遇到的每一个人、每一件事与每一种美丽景色，都有可能成为一生中难忘的风景。一路走来，我们无法预测下一段风景是怎样的，也不知道目的地是怎样的，但是我们前进的脚步从未停下过，在前进的路上，我们不断学会选择，学会体会，学会欣赏。

人生是一场旅行，不必在乎目的地，在乎的是沿途的风景，以及看风景的心情。

朝朝暮暮，岁岁年年，每个人都是时光路上匆匆的行者，不同的生存状态、心路历程、价值观念造就了各不相同的我们。

人生是一场旅行，低配我们的人生，能让我们轻装上路，更加从容地欣赏沿途的景色。

在物欲横流的今天，当欲望得不到满足时，会痛苦；当欲望得到满足时，会无聊。已经拥有的东西往往不知道珍惜，没有得到的东西却总在追求。如果能注意调适自我，对物欲的追求少一点，对精神的追求多一点，多一份闲云野鹤的自在，少一点尘世的俗累，那么，我们就能很轻松。

那年，亮亮迷茫不知所措，于是开始了一场说走就走的旅行，他特意选择了坐火车，因为那样不仅能感受祖国大地的不同地形和景观，还可以静静地思量自己的心事，就这样，从北到南，伴着一路轰轰隆隆的火车声，他感受了北京的历史沧桑，体验了大上海的繁华热闹，最后在祖国南部海滨城市落下了脚跟，从此开始了他在鹏城的人生之旅。

他说，走过，路过，就不会遗憾了，路上不总是风光旖旎，他也感受过狂风暴雨，饥饿、冷遇、失败、哭泣、失望、绝望、不甘心、坚持、努力、喜悦、收获，百味杂陈，而人生就是这样。

安安酷爱旅行，她说要感受高原的壮阔无垠，体验那种伸手碰到天的感觉，于是她去了西藏；她喜欢四季如春的温暖，向往邂逅爱情的地方，于是她去了云南；她说生活难免经受冷遇，能在天寒地冻的恶劣环境下欣赏苍茫雪景，感受滴水成冰，也是一件赏心悦目的美事，于是她去了黑龙江。安安说，人生本来就是场旅行，在路上的感觉很真实，心是纯净、放松的，因此她要带着一颗轻松满足的纯净之心去感受不同风景，体验不同风土人情，人生愿望简单幸福，足矣。

文君说，生活处处皆风景，心安处即归处，举头望花开花落、云卷云舒，感受岁月的悄然而逝，和岁月留下的点滴回忆与感悟，我们从来没有失去什么，我们拥有岁月馈赠给我们的各种心路历程和人生体验。欢喜的时候，看看书，写写字，打打小游戏，也可以消遣一抹闲暇时光；难过的时候，看看书，写写字，打打小游戏，也可以熬过一段艰难岁月。

人生是一场旅行，在旅行中遇到的每一个人、每一件事与每一种美丽景色，都有可能成为一生中难忘的风景。一路走来，我们无法预测下一段风景是怎样的，也不知道目的地是怎样的，但是我们前进的脚步从未停下过，在前进的路上，我们不断学会选择，学会体会，学会欣赏。人生的路上，我们难免错过很多很多，错过的就让它过去吧，无论怎样，我们一定要珍惜当下拥有的，珍惜时间、健康、财富、父母、爱人、孩子、亲朋好友等一切出现在我们生命当中的人或事。

春夏秋冬，寒来暑往，过去的就让它过去，我们要珍惜生命中的每一个当下，不要站在春天的田埂上盼望秋天，站在秋天的麦田里感叹春天。人生是一场旅行，我们要好好欣赏沿途的风景，不要因为匆忙的赶路而忘了旁边的春花秋月。不管风雨多么可怕，也不会是持续在整个旅行，坚持前进的脚步，相信不久就会迎来彩虹。用欣赏风景的心情迈开每一步，将阳光或是风雨都收进背后的行囊，人生之旅终将收获精彩和美好。

2. 没有掌声，你也应该全力以赴、坚持到底

得意时不忘形，失意时不消沉，每天勤奋工作，这比什么都重要。在胜利和挫折的考验中，每一天都拼命努力，这本身就是在孕育成功的种子。

“已经着手开发的研究项目，一定要百分之百的成功!”这是稻盛和夫的信念。

稻盛和夫在京瓷创业 15 年后，应邀就如何进行研究开发的话题，在某个著名的大企业做了一次演讲，听众是 200 多位研究员，他们都是从事高新技术开发的优秀人才，大部分人都有博士头衔。

在演讲的答疑环节，有人问：“京瓷研究开发项目的成功率是多少?”

稻盛和夫斩钉截铁地说：“京瓷凡是着手开发的研究项目，都必须有百分之百的成功率!”

台下一片惊叹声响起，立马有人质疑：“你说这话令人难以置信，这是不可能的。”

稻盛和夫面不改色地回答他：“在京瓷公司，研究开发一定要坚持到成功为止。从来没有发生过以失败告终的事情。”这番言辞瞬间引起了哄堂大笑。

尽管如此，稻盛和夫非常认真地表达了自己的观点。在他看来，不管什么项目，一旦开始，就一定要做到成功为止。他坚信，这种执着、强烈的信念，以及不达目的绝不罢休的“坚持的力量”，是成功的必要条件。

当项目遇上难以克服的困难，认为“已经不行了”的时候，其实并不是终点，而是重新开始的起点。在成功之前，一定要不屈不挠，坚忍不拔，绝不罢休。

千万别给自己设置界限，要不厌其烦，持续挑战。这样才有可能变“危机”为“机会”，让“失败”转为“成功”。

大家知道狩猎民族如何生存吗？他们手执梭镖或吹箭，腰间带上数天的食料和水，去追捕猎物，借以维持一家的生存，但捕获猎物并不容易。他们要顺着动物的足迹，日夜不停地追踪，追到猎物的窝巢后，还要冒着生命危险，突袭并杀死猎物。

然后，他们还要扛着战利品，再花上几天几夜，长途跋涉，回到家里，让等候的族人们获得食物。

能在如此严酷的环境下维持生存，靠的就是凿穿岩石般坚强的意志，一旦盯上目标，在得手之前，就要持续追击，锲而不舍，绝不放弃。这种执着之心，就是坚强的意志，是成功不可或缺的要素。

“在认为已经不行了的时候，才是工作的开始”，这一思想已经深深扎根在每一个京瓷人的心里。

即使在工作被逼入“计穷策尽，已无办法可想”，不得不放弃的地步时，也不认为这是终点，这只是第二次开始的起点。从这里出发，要以更坚强的意志、更炽烈的热情投入战斗。

不管碰到什么阻力，都要穷追不舍，坚持到底，想要达成目标，就必须具备狩猎民族捕猎的这种韧性。苦难不会没完没了，当然，幸运也不会永远持续。

得意时不忘形，失意时不消沉，每天勤奋工作，这比什么都重要。在胜利和挫折的考验中，每一天都拼命努力，这本身就是在孕育成功的种子。

王健林也说过：“成功很难，放弃很易，为何不再坚持一会儿呢？”

在王健林看来，人生做任何事情，要没有一种咬牙坚持到底的精神，是不能成功的。不管是第一年入伍就能当上“五好战士”，还是后来创业打造出自己的一片天，其中艰难与困苦不胜枚举，而王健林始终靠的都是信念和坚持。他坚信，所有企业家的梦想也只有在坚持当中才能实现和不断完善。曾经，为了一笔贷款，王健林受尽了屈辱和拒绝，可是他没有放弃自己，他反而更加坚定目标，暗暗下决心，一定要把自己的企业做强做大，做成世界级的企业；还有段时间，为了做好商业地产，王健林和他的团队三年之内，打了222场官司，大家都在劝王健林放弃的时候，他想了想，再坚持一下，于是一年半之后，他终于成功了，现在，王健林的万达商业地产举世瞩目。

我们看到别人的成功，艳羡不已，却不知道别人付出了多少异于常人的艰辛，他们多少次咬紧牙关，如履薄冰，闯过危险与劫难，趟过委屈与绝望，才获得了属于现在的成功。王健林就是凭着他的那股到了黄河心也不死，搭个桥就过去了，撞了南墙头也不回头，搭个梯子就翻过去了的执着精神，不怕失败，千锤百炼，百折不挠，才实现了他最初的梦想，再想想，我们为自己的梦想付出了什么呢？

人生是一场演讲，开弓没有回头箭，没有掌声也要全力以赴坚持到底。在青年作家刘同看来，所谓坚持，不是四处寻求安慰后的坚持，不是需求鼓励后的坚持，不是被人说服后的坚持。而是无论如何，牙碎自己吞，流泪自己擦，摔了站起来继续走。真正的坚持，和别人永远没有关系，全靠自己每日的努力奋斗。不要逢人便说：请鼓励我，我会坚持下去的。那不是坚持，是乞讨。

3. 决定你未来的，是你发现自己能力的那颗心

决定你的未来的，从来不是外界，而是你的心而已，从心出发，仅此而已。最初所拥有的只是梦想，以及毫无根据的自信而已。但是，所有的一切就从这里出发。

有这样一个故事：两家鞋业制造公司分别派出一个业务员去开拓市场，一个叫杰克逊，一个叫板井。在同一天，他们两个人来到了太平洋的一个岛国，到达当天，他们就发现当地人全都光着脚，从国王到贫民，从僧侣到贵妇，竟然没有人穿鞋子，当晚，杰克逊向国内总部的老板拍了电报："上帝啊，这里的人从不穿鞋子，有谁还会买鞋子呢？我明天就回去。"板井也向国内公司的总部拍了电报："太好了，这个的人都不穿鞋子。我决定把家搬来，在此长期驻扎下去！"

两年后，这里人都穿上了鞋子。

这是市场营销教学经常用到的一个小故事，意在告诫那些常常抱怨难以开拓新市场的人，新市场就在你的面前，就看你怎样去发现这个市场，而你发现的能力就源自于你的内心。

1959 年冬天，在美国奥马哈俱乐部的一间包房里，一名资深律师会见了一位新客户，两人相见恨晚，相谈甚欢。

没过多久，这名律师做出了一个惊人决定：辞去律师工作，跳槽到

这位客户的公司。

他这个决定遭到家人的极力反对。毕竟律师已经35岁，并非20多岁的小伙子，早就过了心浮气躁、频繁跳槽的年龄段，而且他以优异成绩毕业于哈佛大学法学院后，在加州法院当律师已经有11个年头，工作稳定而体面。假如要跳槽，也一定要朝着更加专业、更加高薪的大型公司法律顾问的方向去努力。

可是，律师不顾家人反对，毅然辞去律师工作，成为客户公司的合伙人，开始从事新的工作：投资。

谁也没有想到，这次跳槽成了律师有生之年唯一的一次跳槽，这份无人看好的投资工作他一做就是55年。时至今日，律师已经90岁高龄，他就是大名鼎鼎的查理·芒格，他的合伙人就是投资大师沃伦·巴菲特，他们的公司就是伯克希尔公司。在过去的半个世纪里，查理·芒格和沃伦·巴菲特这对黄金搭档联手创造了有史以来最优秀的投资纪录——伯克希尔公司股票账面价值以年均20.3%的复合收益率创造了投资神话，每股股票价格从19美元升至84487美元。

假如当年查理·芒格没有跟随自己的内心，那么他极有可能一辈子从事着波澜不惊的律师工作直至退休，也许他会成为一名不错的资深法律顾问，却绝对成不了今天的投资大师。

这让我想起乔布斯为了劝说斯库利到苹果担任CEO，说过的那句传诵一时的话："你是想一生都卖甜汽水，还是要改变世界?"从此以后，斯库利和乔布斯就真的改变世界了。

决定你的未来的，从来不是外界，而是你的心而已，从心出发，仅此而已。最初所拥有的只是梦想，以及毫无根据的自信而已。但是，所有的一切就从这里出发。

4. 答应自己要做的事，你必须咬牙做下去

我们多少人因为胆怯、害怕，借口而食言于自己承诺过的誓言，一开始遭遇挫折的时候我们还有勇气说坚持，信誓旦旦说别忘了答应自己的事情，然后一鼓作气，可是世事岂能尽如人愿，于是再次失败之后，信心受挫，不敢面对，害怕丢脸，从此窝在自己的小天地里，再也不敢出来。

1950 年，沸洛伦丝·查德威克因成为第一个成功横渡英吉利海峡的女性而举世闻名。两年后，她想再创一项前无古人的纪录——从卡德林那岛游向加利福尼亚海滩。

那天，海面浓雾弥漫，海水冰冷刺骨。在游了漫长的 16 个小时之后，她的嘴唇已冻得发紫，全身筋疲力尽而且一阵阵战栗。她抬头眺望远方，一片茫茫雾霭，好像陆地离她还十分遥远。“现在还看不到海岸，看来这次无法游完全程了。”她这样想着，身体立刻就瘫软下来，甚至连再划一下水的力气都没有了。

她感觉坚持不下去了，于是就对陪着她的小艇上的人说：“把我拖上去吧！”

“咬咬牙，再坚持一下。只剩下一英里远了。”艇上的人鼓励她。

“不要骗我。如果只剩下一英里，那我应该能看到海岸。把我拖上去，快，把我拖上去!”

浑身瑟瑟发抖的查德威克被拖上了小艇，就在她裹着毛毯喝了一杯热汤之后，褐色的海岸线从浓雾中显现出来了，海滩上等待欢呼的人群也逐渐清晰。就在那一刻，她才知道，艇上的人并没有骗她，她距成功确实只有一英里！她仰天长叹，懊悔自己没能咬牙再坚持一下。

“行百里者半九十”，最后的那段路，往往是最难坚持的一段路，因为在我们历尽艰辛、心力交瘁的时候，即使一个小小的变故或者障碍都有可能把我们击倒。这个时候，意志力是最后制胜的法宝。

覃林华从小成绩优异，大学毕业后，踌躇满志地进入了当地烟草局工作。几年后，因内部关系问题，他被迫下岗，为了保住“饭碗”，覃林华天天追着领导的老婆求情，领导的老婆也爱莫能助，只能天天躲着他，后来，整个单位都知道了覃林华为了保住工作天天追着领导老婆求情的事情，覃林华感到羞愧难当，一想到当年决心成就一番作为的豪情壮志，再想想如今为了一个“铁饭碗”而委曲求全，有能力的人难道还怕天下没有自己施展身手的地方吗?

于是，他心平气和地接受了单位的安排，然后开始四处求职。离开温水的青蛙一开始总是不大适应的，但是只要咬牙坚持下来，总会有所成就的。后来，北京一个公司在当地设办事处，覃林华应聘上了该办事处的业务经理，凭借优秀的能力和多年的资源积累，覃林华的业绩一路猛增，后来总公司还给他股份作为激励，因为业绩一直有条不紊地增长着，覃林华的股份也一直在增长，现在，他把全部的股份买了下来，终于实现了答应自己要做的事情。

我们多少人因为胆怯、害怕，借口而食言于自己承诺过的誓言，一开始遭遇挫折的时候我们还有勇气说坚持，信誓旦旦地说别忘了答应自己的事情，然后一鼓作气，可是世事岂能尽如人愿，于是再次失败之后，信心受挫，不敢面对，害怕丢脸，从此窝在自己的小天地里，再也不敢出来了。

与其担心未来，不如就趁现在，好好努力。在生活这条路上，只有坚强的意志力才能帮你完成要做的事情，不要轻易把希望寄托在别人身上，也不要指望别人对你施以援手，因为未来是你自己的，只有你自己才能解救自己。别忘了答应自己要做的事，别忘记自己想去的地方，不管那有多难，有多远，也必须咬牙坚持下去。

5. 你唯有一直努力，才会抓住相遇的机会

机会每个人都有的，但许多人不知道他们碰到过它，等事过境迁、恍然大悟的时候才发现：原来机会曾离我那么近，而我却没有能力抓住它。事实上，只要你一直努力，你就会发现，机会正在向你迎面走来，让你触手可及。机会又总是转瞬即逝，一直努力的人才能抓住刹那间相遇的机会，梦想听起来不切实际，当你一直努力，你就已经走在了通往梦想的路上了。

有人说，每个人的人生中都有七次机会，这些机会都可以改变我们

的命运，问题是看你能不能把抓住，错过了机会就不复存在了。

机会如此重要，我们应该如何才能抓住它呢？

机会每个人都有的，但许多人不知道他们碰到过它，等事过境迁、恍然大悟的时候才发现：原来机会曾离我那么近，而我却没有能力抓住它。事实上，只要你一直努力，你就会发现，机会正在向你迎面走来，让你触手可及。机会又总是转瞬即逝，一直努力的人才能抓住刹那间相遇的机会，梦想听起来不切实际，当你一直努力，你就已经走在了通往梦想的路上了。

杨勇爸爸好赌，天天沉醉其中，把家里输了个底朝天，杨勇和妹妹只读完初中就出来打工赚钱。两兄妹就在服装市场帮老板卖衣服，因为做的是服装批发生意，每天起早贪黑，大包小包打包装货，很是辛苦。有一天，妹妹拎着一大包衣服跑楼梯，不小心磕着脚摔了一跤，一想到自己小小年纪不能在学校念书还得出来辛苦打工，她忍不住号啕大哭。杨勇闻声赶紧从后面追上来，他知道妹妹心里的委屈，他告诉妹妹，只要妹妹想回学校，他愿意打工给妹妹赚学费，只要她努力学习就行。

从这之后，杨勇更加努力地工作，妹妹则回学校努力地念书，他们两兄妹就这样，一直努力着。后来，杨勇一边在服装批发店打工当店长，一边在自己的老家开了一家服装店，他赚的钱也越来越多了，而妹妹经过三年的努力考上了理想的大学。

上天没有给杨勇兄妹优越的家境，但是上天给了他们顽强的毅力和聪明的大脑，只要他们一直努力，他们就可以抓住相遇的机会，进而改写自己的命运。

有时候，机会披上了一层苦难的外衣，乍一看并不起眼，甚至让你痛苦，但是只要你一直努力，你就可以脱掉苦难，实现华丽蜕变。

生活总有各种不如意，那些所谓的人生大赢家无一不是历经艰难与困惑，在不断地自我失败与自我鼓励中找到重生的机会，一直努力，一直努力，直至成功。

1834 年的夏天，34 岁的固特异参观了纽约的印第安橡胶公司，他了解到橡胶具有高弹性、可塑性、耐用、防水、绝缘等一系列优秀性质，却有一个致命的缺点，就是对温度过于敏感，而这一性质困扰着整个橡胶工业，于是，固特异决心研究橡胶的改性，从那一刻起一直到他的生命结束，他都到致力于橡胶的研究和推广。

一贫如洗的固特异向朋友借了一笔钱，建立了自己的实验室，半年的时间里，他天天扎在实验室里，工作、起居、饮食都在那间小屋子里。

半年后，借来的钱全部用完，固特异不得不又四处借钱度日、坚持试验，贫穷的他不得不节衣缩食，一日三餐改成一日两餐，甚至一日一餐，就算饿得头晕眼花，依然忍着饥饿的折磨，埋头继续试验。

固特异既不是化学家，也不是科学家，他不得不像工人一样不停地劳作，不停地把各种材料拿来与橡胶一起试验。一天，固特异做完了一个失败的实验，感觉实在难以支撑，然而，连一块面包渣都找不到，口袋里也翻不出一分钱。由于过度劳累饥饿，头晕眼花，一不小心，桌子上的一瓶硫酸被碰到了地上摔碎了。固特异蹲下身来，心疼地看着这些宝贵的液体迅速地在地上扩散。就在他近乎绝望的那一刻，他惊奇地发现，地上有一块被硫酸浸润的橡胶块变得十分柔软，连颜色也变成黑色了。

固特异激动得失声痛哭，他终于找到了突破口。经过一系列改良，固特异所制备的橡胶不会在沸点以下的任何温度分解，“橡胶硫化技术”终于问世了。1841 年，美国专利局承认了固特异的发明。由于硫化技术“太容易”掌握，许多橡胶厂都在无偿享受固特异用辛苦和血汗换来的成果，也因此，固特异一生贫困潦倒。

但是，世人不会忘记他的伟大价值，他的精神也将永垂不朽，在固特异去世后的 38 年以后，弗兰克·克伯林把自己创建的轮胎橡胶公司命名为——固特异，不仅是为了纪念查尔斯·固特异对美国橡胶工业做出的巨大贡献，更重要的是他们想要继承了查尔斯·固特异在逆境中不断探索的精神。

每一个发明，每一次创造，每一段成就，每一回成功，都是默默坚忍背后一直努力的结果，都是遇到挫折之后毅然坚持的结果，你唯有一直努力，才会抓住相遇的机会，否则你凭什么打破命运的枷锁，凭什么敲破挡在成功面前的那堵墙呢？

6. 最美好的东西，都是靠长期不懈地努力获得的

高尔基说：“我们世界上最美好的东西，都是由劳动、由人的聪明的手创造出来的。”所以在高尔基看来，劳动创造出来的东西都是最美好的东西。

小时候看动画片《聪明的一休》，其中有一集至今记忆犹新。说每

天锦衣玉食的将军吃尽山珍海味、珍馐美馔，突然胃口不好，觉得什么都不想吃了。他找到一休，想让一休帮他找到世界上最美味的食物。一休让将军入乡随俗，说是想要吃最美味的食物，就得听他的安排，将军点头答应了。接下来，一休让将军挑水、砍柴、擦地板，劳动了一整天也没给他食物。最后，一休给将军端来稀饭和米糠腌的萝卜，饥肠辘辘的将军一把接过食物就狼吞虎咽起来，一休就问吃得格外香甜的将军："请问这是世界上最好吃的食物吗？"将军立马点头称赞。一休解释说，这叫"饱了吃蜜蜜不甜，饿时吃糠甜如蜜。"

所以，如果你要问我最美好的东西是什么，我想，那必然是经过一番持续努力争取得来的东西。

王安石说："世之奇伟、瑰怪、非常之观，常在于险远。"

在航海家哥伦布的眼里，他先后 4 次出海远航，历经风险与坎坷，冒着生命危险，开辟的横渡大西洋到美洲的航路，和发现的美丽的新大陆，才是最美好的东西。

唾手可得的东西总是平凡普通，最美好的东西，总是不那么容易取得，比如坚强，不经历痛苦和苦难的磨砺，就学不会真正的坚强；比如成功，不在失败的泥沼里摸爬滚打过几次，你就无法体会成功的真谛；比如珍惜，不历经得而复失，失而复得，你就不知道拥有的可贵；还有亲情、友情和爱情，我们总是在错过和失去之后，才明白什么叫作幸福。

出生普通农家的甘相伟从小就对古诗词颇感兴趣，他受小学启蒙老师的影响从小就有一个文学梦。高中时，他读到的一本叫作《北大才女》的书，这本书里面描述的未名湖的美丽风光和北大的学术大师的人格魅力，以及北大高尚的学术风范，让他无限向往，在他看来，最美好的愿望就是考上北大。尽管当年甘相伟并没有考上北大，并且只在一所普通的大学念书，但是那个最美好的东西一直让他魂牵梦萦。于是，他一路北上，来到了心中的北大，在北大校园做了一名保安，开始了他的“曲线求学”之路。他一边上班，一边学习，最后他终于考上了北大，收获心中最美好的东西。

如今，甘相伟特别想对那些与他背景相似的年轻人说：“对那些身处逆境的孩子，尤其农村的孩子，希望他们在人生的道路上不要畏惧困难，走好自己的路，暂时的困难不算什么，挺一挺就过去了，最美好的东西是靠长期不懈的努力来获得的。”

高尔基说：“我们世界上最美好的东西，都是由劳动、由人的聪明的手创造出来的。”所以在高尔基看来，劳动创造出来的东西都是最美好的东西。

所以，其实，美好的东西无处不在。然而，有些美好的东西不只是努力争取后的结果，而是整个努力创造的过程。

小时候，我很讨厌孕妇，我第一次近距离接触孕妇的时候，我简直觉得惨不忍睹，我不明白原来一个如花似玉的女人，为什么要怀孕，为什么要把自己搞得这么笨重、丑陋，我甚至在大街上看到孕妇一扭一扭地走路，我都觉得简直匪夷所思，为什么这么丑还要出门呢?

后来，我长大了，经历结婚怀孕生子，天啦！我看到任何一个孕妇都觉得好美，走在路上我忍不住多看他们几眼，然后看到小孩子也是，一脸的爱怜，我感觉他们就是圣母和圣母的孩子一样光辉美丽。

我终于明白，创造生命的过程原来是最美好的过程，而世间最美好的东西其实就是创造和孕育。

雨露滋润大地，大地孕育大自然，大自然孕育成千上万的生命，生命创造奇迹、孕育生命，总之，这一切都是最美好的存在。

第十二章

你自己选择的路，跪着也要把它走完

你不勇敢，没人替你坚强。没有伞的孩子必须努力奔跑！只有经历过地狱般的折磨，才有征服天堂的力量；只有流过血的手指，才能弹出世间的绝唱。你自己选择的路，跪着也要把它走完。在追求梦想的道路上，你一定要坚强，坚强，再坚强！

1. 别怨天尤人，你的命运就掌握在你自己手里

强者就是那个不服输的人，他们知道改变不了出身就改变命运，怨天尤人是没有用的，你的命运其实就攥在你自己手里！

韩显英出身农家，早年跟着丈夫外出打工。因为老板“农村女人没文化，没有素质”的一句话，韩显英气得跑回了家，她当时非常难受，感到人格尊严受到了侮辱，回到家气得饭也吃不下，也正因为这句话，韩显英发誓要自己开创一份事业。

回到家，韩显英发现货运生意很好，便凑齐了 18 万元，买了一辆二手大货车，给人拉货挣钱。因为经常被拖欠运费，不到两年，生意就做不下去了，最后，韩显英以 2 万元的价格把货车处理掉了。

第一次创业失败，一开始很支持韩显英的丈夫也开始怀疑韩显英做不成事。很快，韩显英又发现一个新的商机。韩显英发现当时卖煤炭的生意越来越好，就准备把剩下的 2 万元用来贩卖煤炭。丈夫认为妻子纯粹是瞎折腾，他说：“两万元本钱就想卖煤炭？算了吧，别折腾了。”

但韩显英偏偏不服输，她在煤炭市场租下一个摊位，再从煤矿进点煤炭，再转卖出去，一吨煤挣 18 元钱。因为本钱少，韩显英每天挣的

也很少，为了省钱，她每天中午只吃两个馒头，半年时间都是如此。尽管每吨煤赚得少一点，但是韩显英坚持不掺假，因此销售量不断在增长，她的诚信名声也很快传开了，生意越做越大，7 年后，韩显英已经赚了 500 多万元。

但是，故事到此还没有结束，不服输的人总是爱折腾，也只有折腾的人生才有无限生机。

赚够 500 多万元，韩显英本打算在农村老家种树、养鸡，颐养天年，可是韩显英又发现了一个新的商机，她发现养鱼很有市场潜力。

卖煤炭的经历让韩显英认定，只要产品好，就一定能卖得好。为了在河水中成功养殖有市场又好吃的鱼，韩显英专门跑市场研究，请教渔业专家。后来得出的结论是，可以利用河道建设养殖场，但风险特别高，水源、技术和环境出一点点问题，满盘皆输，但韩显英还是决定要试一试。

于是，她将好不容易赚来的 500 万全部投入水产养殖这个高风险行业。可是，养殖场还在建设中她就出了意外，粉碎性骨折，差点瘫痪，可是她依然坚持，好不容易坚持到第一批鱼即将成功上市，因为天气原因全军覆没。面对绝境，全家人陷入消沉。不久，却传来一个大喜讯，有人愿意以 1000 万元的价格买下这个基地。韩显英坚决不愿意，因为，她是不服输的。

韩显英贷款 90 万元，熬过一年后，第二批鱼终于顺利上市。现在，韩显英的年销售额达 1300 多万元，还在江边开起了以这种特色鱼为主的火锅店，并且已经发展成了连锁火锅店。

看到妻子这般坚忍不拔，吃苦耐劳，韩显英的丈夫也不禁感叹，她确实是一个很能吃苦，很有干劲，很有毅力的人。

韩显英无疑是坚强的，如果她当初受到歧视的时候甘愿认输，我们也就不会听到这样一段精彩的故事。强者就是那个不服输、不甘屈服的人，他们知道改变不了出身就改变命运，怨天尤人是没有用的，你的命运其实就攥在你自己手里！

如果受委屈了，想哭就哭，不要指望别人哄，你就自然学会了坚强；害怕的时候就自己给自己打气，不要指望有人陪，你就自然学会了勇敢；烦恼的时候找些方法排解困扰，不要指望别人问候，你就自然学会了承受；感觉疲惫的时候自己找个沙发靠一靠，不要指望别人给你依靠，你就自然学会了自立。一个人，如果不坚强，懦弱给谁看？

2. 你要知道，每个人都有属于自己的美好

我们不知道的是，他能生在富贵之家，是因为他的爸爸妈妈很努力，而你也可以通过努力，让你的孩子生在富贵之家；她很优秀是因为她一直在努力，只是你不知道而已；他开好车住别墅之前也曾蜗居过，也曾为了生活拼搏到感动自己。

汉朝时，少年匡衡非常勤奋好学。因为家境贫寒，他白天必须干活，晚上才有时间读书。可是因为买不起蜡烛，晚上没办法看书，匡衡非常郁闷。

匡衡的邻居很富有，一到晚上屋子里烛光通亮。匡衡想了个办法，悄悄地在墙上凿了个小洞，邻居家的烛光就从这洞中透过来了。借着这微弱的光线，他如饥似渴地读起书来，渐渐地把家中的书全都读完了。

对知识的渴望，让匡衡又心生一计。有一天，匡衡跑到县上的一个大户人家门前。他对那家主人说："请您收留我，我给您家里白干活不需要报酬。只恳请让我阅读您家的全部书籍就可以了。"主人被他的精神所感动，答应了他借书的要求。

正因为匡衡孜孜以读，勤奋学习，因而成为西汉经学大师，并官至丞相。

出身寒门，日子过得辛苦拮据，但是匡衡丝毫没有抱怨，反而是想方设法积极上进，不管是凿壁借光还是给人做工换取读书机会，他一路都在想办法改变，而不是怨天尤人。

我以前有一位同事，工作经验不长，但是颇有能力，我们都认为他如果能调整好心态的话，前途不可限量。他是典型的"愤青"，总觉得自己怀才不遇，时运不济，在他看来，很多职位比他高的，赚钱比他多的人，都是靠溜须拍马上位而已，不屑与之为伍。因为心态问题，有心想提拔他的领导也不敢给他机会了，毕竟谁都不会认为一个心智不成熟的人能管理好一个团队。

他认为一些潜质比他差的人，处境好，地位高，工资多，待遇强，心里感觉别扭，平时，总是有意无意地流露出不满，嘴里还说什么期望这个世界一切推倒重来。结果很长时间里他一直得不到重用。这就是缺乏平常心带来的结果。有了一颗平常心，能够正确看待眼前的一切，较好地处理当前发生的事情，不会因此增加不必要的苦恼和烦闷，也就不会给自我的前程设置障碍。就能够享受每一天的愉悦！从而，更加有利于自我的进展进步。

如果生活折磨了你，让你痛苦不堪，那么，请你静静地思考一下，你痛苦的根源是什么。

很多时候，我们经常会有一些心理失衡造成的烦恼困扰，比方说，他怎么命那么好，生在富贵人家，然后想干什么就干什么，还不用担心明天的早餐在哪里；她怎么长得那么美，有模有样还有身材，还是高才生，我怎么一无是处；他怎么就能开好车，住豪华别墅，而我还在挤公交。

但是，我们不知道的是，他能生在富贵之家，是因为他的爸爸妈妈很努力，而你也可以通过努力，让你的孩子生在富贵之家；她很优秀是因为她一直在努力，只是你不知道而已；他开好车住别墅之前也曾蜗居过，也曾为了生活拼搏到感动自己。

你原本过着理想的生活，而你自己不知道。

亦舒在《理想生活》中说："什么叫作理想生活？不用吃得太好穿得太好住得太好，但必须自由自在，不感到任何压力，不做工作的奴隶，不受名利支配，有志同道合的伴侣，活泼可爱的孩子，丰衣足食，已经算是理想。"

你有你的美好，你有一技之长，足以养家糊口，你父母健在，还有老婆孩子，你们其乐融融，除了不能锦衣玉食，可是你其实也并不需要那么多，良田千顷不过一日三餐，广厦万间只睡卧榻三尺，吃太好，还担心"三高"，一不小心就物极必反，出门就有豪车也未必是百利而无一害，长期不运动的后果你也懂一些，所以，别夸大了自己的困境，以为自己处处不如人，你还不知道的是一个开200万宝马的人，或许他银行贷款1500万，他的生活在生与死的边缘；一个开15万大众的人，或许他房贷80万，他的生活水深火热；一个骑300块自行车的人，或许他存款10万，生活安逸却有些迷茫。三人路上相遇，骑自行车的羡慕开大众的，开大众的羡慕开宝马的，开宝马的羡慕骑自行车的。

每个人都有属于自己的美好。抱怨完了之后，是否该好好反省一下，摒弃杂念，完善自我，让自己像金子一样闪闪发光。

3. 感到绝望时，你再撑一下就能看到不远处的希望

面对困境，把困境当作磨炼是一种智慧。生活用困境磨砺我们，让我们绝望痛苦，却也因此成全了更好的我们。梅花香自苦寒来，宝剑锋自磨砺出，每一个更好的我们，都来自一段深刻的绝望，感谢那些绝望锻炼了我们。

有位哲人说：并非每一次不幸都是灾祸，逆境有时通常是一种幸运。

1962年冬，焦裕禄来到了兰考，面对严重的灾荒景象和严酷的环境，焦裕禄却说："感谢党把我派到最困难的地方，越是困难的地方，越能锻炼人。请组织上放心，不改变兰考的面貌，我绝不离开这里。"

焦裕禄是这么说，也是这么做的。他拖着患有慢性肝病的身体，在

一年多的时间里，跑遍了全县140多个大队中的120多个。在封沙、治水、改地的工作中，焦裕禄身先士卒，以身作则。风沙最大的时候，他带头去查风口，探流沙；大雨倾盆的时候，他带头趟着齐腰深的洪水察看洪水流势；风雪铺天盖地的时候，他率领干部访贫问苦，登门为群众送救济粮款。他还经常钻进农民的草房、牛棚，同普通农民同吃同住同劳动。1964年5月14日，焦裕禄被肝癌夺去了生命，年仅42岁。他临终前对组织上唯一的要求，就是他死后“把我运回兰考，埋在沙堆上。活着我没有治好沙丘，死了也要看着你们把沙丘治好”。

面对困境，把困境当作磨炼是一种智慧。生活用困境磨砺我们，让我们绝望痛苦，却也因此成全了更好的我们。梅花香自苦寒来，宝剑锋自磨砺出，每一个更好的我们，都来自一段深刻的绝望，感谢那些绝望锻炼了我们。

钢铁般意志通常是通过战胜艰难困苦、经受严酷挑战和绝望折磨炼就而成的。有绝望的地方就有希望，希望和绝望相依而生。即使与绝望相抵抗，我们并不能换来期望的结果，我们也依然要顽强抵抗，因为努力过，才能问心无愧。

生物学家发现，飞蛾在由蛹变成幼虫时，翅膀萎缩，十分柔软；在破茧而出时，必须经过一番痛苦的挣扎，身体中的体液才能流到翅膀上去，翅膀才能坚韧有力，才能支持它在空中飞翔。和飞蛾一样，人的成长必须经历痛苦挣扎，直到双翅强壮后，才可以振翅高飞。人只要生活在这个世界上，就有很多烦恼，痛苦或是快乐，取决于你的内心。人不是战胜痛苦的强者，便是屈服于痛苦的弱者。正是因为有痛苦的存在，才能激发了我们人生的力量，使我们的意志更加坚强。

再不顺的生活，哭是一天，笑也是一天，微笑着撑过去了，就是胜利。任何问题都有解决的办法，没有办法可想的事情是没有的，倘若真的弄到了没有办法可想的地步，那也只能怨自己是笨蛋、是懒汉。办法永远比困难多，因此，当你感到绝望的时，再撑一下，就能看到不远处的希望。

4. 你最终会发现，其实并没有想象中那样艰难

都说从一千到一万不是最困难的，最困难的是从0到1。重新开始，做你想做的事情，过你想过的生活，爱你该爱的人。一开始或许难以面对、难以抉择，但是，一旦你迈开了那一步，你就会发现，其实并没有想象中那样艰难。

美女茜茜，每天都很有能量，总是一副风风火火的样子。前段时间，她又失业又失恋，但她却出奇地冷静，不悲观，不沮丧，也不糟蹋自己。失恋的第二天，就开始忙着写简历、去健身、跑图书馆、学烹饪……把之前疏忽的事情全都补上了。问她未来有什么新计划，她笑着回答说："前面的路还很长，我的人生才开始呢，他只是我生命中的一个过客，或许真的不适合，走该走的路，爱该爱的人。"

都说从一千到一万不是最困难的，最困难的是从0到1。重新开始，做你想做的事情，过你想过的生活，爱你该爱的人。一开始或许难以面

对、难以抉择，但是，一旦你迈开了那一步，你就会发现，其实并没有想象中的艰难。

所以，真的没什么大不了，从现在开始，趁现在还年轻，做一个勇敢的人，不再留恋，挥别过往，走该走的路，爱该爱的人，重新出发。

徐晓芸30岁那年，工作发展遇到了瓶颈，一个朋友劝她出来开公司，她想了几天之后就去工商局注册了，从有开公司的想法到工商局注册，仅仅几天时间。一开始，徐晓芸也会忐忑，好在抱着不怕失败的决心，公司的业务反而进展得很顺利，第二个月就拿下了某集团的一个项目。后来，公司步入了正轨，而且越做越顺。她总结自己成功的原因，说："创业，胆量和承压能力是非常重要，当然前提是你得知道自己具备什么优势，然后迈出第一步之后，你会发现，其实并没有想象中那样艰难。"

易磊是某知名互联网公司的一名保安，他想无论做什么工作都要让自己发光发热，创造价值。每天早上他都会特别激情地对着来上班的员工说早上好，他有趣响亮的问候唤醒了同事们一天的好状态。他很羡慕那些懂技术的程序员，于是经常自学程序方面的知识，公司的产品经理看到他如此用功，就问他愿不愿意加入他们部门，从此以后，易磊就开始做产品的运营，后来还做到了产品经理。

艰难只发生在努力之前，努力过后，一切也就变得不艰难了。茜茜努力过好自己的生活，发现失恋并不可怕；徐晓芸创业能一举成功，是因为她曾努力学习、出身名牌大学，还在知名500强企业努力锻炼了五六年；易磊从保安做到了高级白领，同样是因为他在做保安之余一直努力用功学习新知识。

努力是什么样子的呢？努力是别人朝九晚五，你熬夜加班；努力是别人在看电视剧，你在查资料、赶方案；努力是别人在聚会唱歌，你在和团队奔赴新的项目基地……

很多人总是羡慕别人做着自己想做的事情，过着自己想过的生活，却不知道那些他羡慕的人也曾“临渊羡鱼”，但是他们更懂得改变不能靠运气，而是需要你够努力、够坚持，所谓的轻松惬意都是自己努力赚来的。当你做出决心，开始改变，开始付诸行动，你就会发现，其实人生并没有想象中那样艰难。

5. 你看得起自己，就有快乐的原动力

我们发现，越忙碌的人，越快乐，因为他在创造，创造让他感觉到有价值；而越是懒散的人，越颓废，因为他没有创造出自己的价值，也就失去了快乐的原动力。

李伟和廖汉林同是蜗居在大城市城中村的年轻人，李伟每天都开开心心的，进进出出都像只快乐的小鸟。

廖汉林不解地问道：“你怎么那么开心？加薪啦？升职啦？”

李伟回答道：“没有啊。”

廖汉林瞥了一眼道：“没加薪，没升职，又没有女朋友，还整天乐呵啥呀？”

李伟乐呵呵地答道："你啊，就是太较劲，整天板着个脸，为什么一定要看到实实在在的好处才开心快乐呢？我觉得挺好的，我父母健康快乐，我也在凭自己的能力养活自己，为公司和他人创造价值，同时也每天都在进步，我没有加薪升职，可是我的能力在不断地提升，学到脑子里的知识是别人永远无法带走的，这就够了。"

列夫·托尔斯泰说："当我们爱别人的时候，生活是美好、快乐的。"海宁格说："爱自己的人才能更好地爱别人。"懂得如何爱自己，才会更懂得如何爱自己的家人，无论现实如何无情，我们一定要爱自己，要让自己快乐，只有这样我们才能看到世间的真善美，并且更加懂得如何爱世人。

有一款全球排名前十名的游戏风靡互联网，可谁都没想到那个游戏的总负责人学历只有小学。这位总负责人从小痴迷枪战游戏，小时候，亲戚朋友总担心他玩物丧志，可是他自己玩得不亦乐乎，还说要玩出个世界第一，他的妈妈语重心长地说："玩游戏玩出个世界第一又有什么用？"他笑了笑不说话，只是默默地努力加油，他相信自己可以凭借自己的游戏技巧养活自己。后来，他真的在世界比赛中都拿了名次，并因此进入了国内一家高才生云集的知名互联网公司做游戏研发。他就是这样一个人，自信、投入、有激情，他说："做人，看得起自己最重要，这方面是短板，总有另一个方面是长板，人自信了才能快乐，才能创造出成就出来。"

罗曼·罗兰说："人生所有的欢乐是创造的欢乐：爱情、天才、行动——全靠创造这一团烈火迸射出来的。"

我们发现，越忙碌的人，越快乐，因为他在创造，创造让他感觉到有价值；而越是懒散的人，越颓废，因为他没有创造出自己的价值，也就失去了快乐的原动力。

6. 痛苦是走向成功的必经之路

在梦想的路上，我们难免遭受痛苦，经历磨难，但是，请相信，痛苦是孕育成功的必经之路。真正坚强的人不是没有泪水的人，而是含着泪水播种的人，终有一天，你抬起头，扬起你那渗着汗珠、带着微笑的脸庞，收获属于你的果实。

有两只海蚌生活在同一片海域，有一只海蚌说："我的身体正在承受着巨大的疼痛，我感觉好痛苦。"

另一只海蚌得意地说："我什么伤痛都没有，太开心了。"

这是一只大螃蟹路过，听到他们的对话，告诉他们："虽然你没有痛苦，轻松安逸，但也说明你的身体里没有价值连城的珍珠，而承受痛苦的海蚌，虽然正在经受磨炼，但是他的身体里却孕育了一颗价值连城的珍珠。"

原来遭受痛苦，意味正在孕育成功与收获。因此，在承受磨难与痛苦的时候，千万不要沮丧，因为这意味着成功马上就要来临。

都说，不经历风雨，怎能见彩虹？因为没有人能够随随便便成功，全力以赴迎接痛苦挑战才能获得最终的成功。

由于早期的债务和写作的艰辛，巴尔扎克终因劳累过度于1850年8月18日与世长辞。在巴尔扎克的葬礼上，雨果所致的悼词是这样说的："在伟大的人物中间，巴尔扎克是最伟大的一个；在优秀的人物中间，巴尔扎克是最优秀的一个。……可叹啊！这个坚强的、永远不停止奋斗的哲学家，思想家、诗人、天才作家却过着凄风苦雨般的生活，遭逢了任何时代一切伟人都遭逢过的恶斗和不幸。"

巴尔扎克一生坎坷。幼年缺乏母爱，家庭和母亲，对他冷漠无情，他仿佛不是这个家庭的一分子。巴尔扎克后来回忆这段生活，曾愤愤地说："我从来不知道什么叫母爱。""我经历了人的命运中所遭受的最可怕的童年。"

长大后巴尔扎克立志要从事清苦的文学创作，他宣誓要成为文学事业上的拿破仑。于是他拒绝父亲安排的稳定体面的工作，从1819年开始，整天在一间狭窄的阁楼里伏案写作。他的居所简陋寒酸，夏天闷热，冬天寒冷。巴尔扎克的世界没有白天和黑夜区别，也没有娱乐，因为他总是不停地在写。结果在与书商打交道过程中总是受骗，以致负债累累。债务高达10万法郎。为了躲债他6次迁居。他对朋友说："我经常为一点面包、蜡烛和纸张发愁。债主迫害我如同迫害兔子，我不得不像兔子一样四处逃窜。"

巴尔扎克，一生勤奋写作，常常连续工作18小时。在他20多年的创作时间里，他共创作91部在世界上有广泛影响的小说，但他却一生却在与贫困和痛苦打交道。他曾一句话概括自己："一生的劳动都在痛苦和贫困中度过。"

生活中我们会遇到很多挫折，失败一次并不是真正的失败，我们可以失败，但决不能放弃。在梦想的路上，我们难免遭受痛苦，经历磨难，但是，请相信，痛苦是孕育成功的必经之路。真正坚强的人不是没有泪水的人，而是含着泪水播种的人，终有一天，你抬起头，扬起你那渗着汗珠、带着微笑的脸庞，收获属于你的果实。

奥古斯狄尼斯说："在任何情况下，遭受的痛苦越深，随之而来的喜悦也就越大。"当我们感觉最痛苦、最难受的时候，那必定是我们收获最大的时候。

尼采说："极度的痛苦才是精神的最后解放者，唯有此种痛苦，才强迫我们大彻大悟。"所以，接受痛苦，迎接它给你带来的大彻大悟。

第十三章

你不怕，才有资格去争夺成功的机会

谁都没有比谁生活得容易，只是有的人痛不欲生，而有的人却默默地咬牙，逼自己学会坚强。当你在犹豫的时候，这个世界就很大；当你勇敢踏出第一步的时候，这个世界就很小。你要想实现自己的梦想，要想获得成功，那就不要怕，勇敢地去努力，勇敢地逼自己一把，让自己的潜力迸发，从而夺取成功。

1. 想要抓住机会，请开启你的准备模式

机会总是留给有准备的人，怨天尤人没有用，成功源自你的苦心经营与积累，学会把普通事做好、做精，你自然会得到相应的回报，做不到像那些政要商贾们那样轰轰烈烈，也可以靠自己的能力与实干创造幸福生活。

有一次，《非诚勿扰》中有一位女嘉宾说："我负责貌美如花，你负责赚钱养家。"男嘉宾听了，立马说："我能一辈子赚钱养家，你能一辈子貌美如花吗？"顿时，全场女嘉宾鸦雀无声。

这位男嘉宾一句调侃的话，却无情地道出了事实的真相，给那些寄希望于仰仗美貌、依附男人的女人一记响亮的耳光。

这让我想起了刘翠华和刘翠华的老公。刘翠华赋闲在家，天天带带孩子，找朋友喝喝茶，但是她性子争强好胜，每每从一个生活富裕、衣食无忧的朋友家做客回来就会对着老公一顿发火，指责老公没能力，不会赚钱。刘翠华老公终于忍无可忍，怒斥道："你是不是也得承认自己没有眼光选择了我，想要什么生活那就自己创造，如果真的觉得日子那么难过，那你另寻他处。"

刘翠华关起门来哭了好半天，终于想开了。不久之后，刘翠华进入了保险公司，做了一名保险经纪人，虽然出单率不高，但至少可以保证有时间带孩子，也可以赚一些补贴家用，还能走出无聊的“宝妈群”，增长知识，培养理财能力。

人，尤其是女人，永远不要指望依附别人，靠山山会倒，靠人人会跑，只有自己最可靠，等待别人给予还不如自己创造，自己种的瓜果才最甘甜。

别以为在工作就是在努力，浑浑噩噩也是混吃等死，生活工作都需要用心经营，随意丢一把种子就想大获丰收，那是不可能的。

谭智就是典型的自己以为自己很拼，实则敷衍随意，工作完全不用心。

他把鼠标一摔，骂道：“烦死了，总是要求改啊改的，一下嫌不够质感，一下嫌不够震撼，还说太低级，太童趣，跟主旋律不搭，这不是故意为难人吗!”

美美知道谭智最近一直有情绪，抱怨老板不加工资，还拼命逼他加班，因为私下里跟谭智关系很好，于是美美坐过来说：“我跟你讲，你那些确实需要改，而且你不改，我们就要挨骂，公司形象也要受到损失，来，一点点地改，你先别急。”

“客户是花了钱的，肯定希望看到一个专业的作品，你看，这一页，从太空角度看到地球的长城，如果你不做形象一点，没人知道你这是在表达长城；再看，这些字体都不统一，确实没法跟人说，我们是专业；再看看这个二维码，为什么多此一举？的确不应该这样做；最后听背景音乐，你整了个童趣，这跟主题简直是南辕北辙。这些都不重要，知道你加班很辛苦，可是如果你继续这样敷衍了事，你接下来的几天依旧要在加班中度过。”

收获与投入永远是成正比的，即使暂时看不到收获，未来老天也会补给你的，应付很容易，应付完了过后必然是无止境的修修补补，这不仅是在浪费自己的生命，也是在浪费别人的生命。混日子的人其实是在混自己，老板损失一小点年薪算不了什么，你损失青春年华才是大事。

机会总是留给有准备的人，怨天尤人没有用，成功源自你的苦心经营与积累，学会把普通事做好、做精，你自然会得到相应的回报，做不到像那些政要商贾们那样轰轰烈烈，也可以靠自己的能力与实干创造幸福生活。死无疑是痛苦的，然而比死更痛苦的是等死。

汉代名将韩信发迹之前，曾经流浪街头，并几次想要以死自我了断。一个在河边漂洗棉絮的老太太可怜他，每天都省下一碗饭给他，一连供养了他几十天。韩信填饱了肚子后，忍不住慷慨激昂起来，对老太太说，将来自己一定会重重报答她的恩德。老太太一听，勃然大怒，训斥道：“丈夫不能自食。吾哀王孙而进食，岂望报乎！”这句话大意就是说，你一个堂堂男子汉不能自立，我只是可怜你身为公子而为你准备餐食，哪里可能去妄想得到什么回报，你如此豪言，简直可笑至极！

老太太的一番话，可以说是相当地刚硬绝情！一个贫苦弱小的老太太，却对着七尺男儿说出如此掷地有声的训言，韩信顿时羞愧难当。然而，也正是这当头一棒，敲醒了迷惘中的韩信，让他开始立志用行动来改变现状。从此韩信开始奋发向上，历经艰险困苦，终于成为汉代功名显赫的大将军，最后也实现了对老太太重谢的诺言。

明代思想家吕坤说：“贫不足羞，可羞是贫而无志。”一个缺乏斗志，只会夸夸其谈而没有真正的实力，连自己都无法照顾好的人，怎么可能回报社会和馈赠他人、做出一番事业出来呢?

青年职业导师马丁说:“别人因为你的家乡,出身,容貌,身高等先天无法更改的东西嘲讽你,看不起你,那叫挑衅,歧视,狗眼看人低;如果你太懒,能力不够,拖沓,经验不足,脾气不好等后天可以更改的东西不改,被别人指出来,那就不叫歧视,而叫实在。”

2. 好好把握当下的每一天,你期待的将来就不遥远

人生的因缘际会,谁也说不好,不必为将来太焦虑,也不必对过去念念不忘,每一天都是新的一天,有新的开始和希望,好好地把握当下的每一天,未来自然朝着你想要的方向前进。

凯文生性顽劣,讨厌看书,整天逃课,跟三两好友泡网吧,打游戏。爸爸怒斥说:“你这书干脆别读了,整天吊儿郎当,我看你以后能做什么!”妈妈也是唉声叹气,生怕凯文堕落成了失足青年。

只读过了两年高中的凯文,倒是不服输,他干脆辍学在当地做起了小小猪贩子。两年过后,他居然还攒了些积蓄。在小城市待久了凯文又不安分了,他索性跑到广东开大排档,生意也还不错。几年后,凯文将掘得的第一桶金用到重操旧业上,在广州搞生猪定点屠宰,渐渐地,他的事业越做越大,不仅拥有了一条日屠宰 2500 头生猪的生产线,而且有一个日交易 6000—7000 头的生猪交易市场,年上缴税收上千万。但

是，凯文并没有就此满足，他还打算进军环保领域。

凯文爸爸笑着说："这小子，当年我真担心他学坏，以后连生存都成问题，没想到他还有模有样的做起了企业家。"

人生的因缘际会，谁也说不好，不必为将来太焦虑，也不必对过去念念不忘，每一天都是新的一天，有新的开始和希望，好好地把握当下的每一天，未来自然朝着你想要的方向前进。

表弟快三十岁了，内心还是会很迷茫，不知道何去何从。家里人催着他找女朋友，催着结婚，甚至催着要小孩。可是他真的不想随随便便就结婚，也不想这么早就被生活缚住了手脚，庸庸碌碌地过完这一生，可是自己又找不到方向，感觉每一天都过得心惊胆战的，很着急，却又无能为力。

我问他："你现在在做什么呢？为什么找不到方向？"

他说，他跟人合伙开了个贸易公司，可是赚的钱不多，也不稳定，因此还是会没有安全感。

我继续问他，最喜欢做什么？

他回答说，其实很想回老家种田，搞有机蔬菜，养养土鸡啥的。

我告诉他，他迷茫的原因是因为他现在做的不是自己最想做的事情。如果他一直心向往之，那么笃定地要成为自己梦想中的那个人，那就肯定不会彷徨。

你过着鸡肋一样的生活，想改变又害怕，以致始终踏不出那一步，你在想，如果我这么做了，是不是会损失过去的积累和眼前机会？如果我付出了那么多，没有相应的回报怎么办？我现在过得安逸又舒适，如果我放弃了，将来是不是会很后悔？如果我一头栽进去了，一辈子都达不到自己想要的结果怎么办？

你所有的顾虑，所有的权衡都在告诉我们，你活得很纠结，你活在害怕失去过去的积累，害怕将来不确定的风险，你唯一没想到的是，你现在过得有多糟糕，有多么不称自己的心意。国外有句谚语说："种树的最佳时间是25年前，仅次于它的最佳时间是现在。"所以，如果改变的时机已经错过，那么，现在就是改变的最后时机。

太多的时候，我们都活在虚妄里，活在对过去的缅怀和对未来的设想里，唯独不在此时，不在当下。吃饭的时候我们玩手机，玩手机的时候我们想象自己过朋友圈里别人家的生活，带孩子的时候想着没完成的工作，工作的时候对孩子有愧疚，一天结束，应该留点时间给自己了，黑夜漫漫似乎还没学会和自己待着，于是又翻开手机，在各种微信群里掺和，刷朋友圈点赞直到困意袭来……第二天，周而复始。

无悔地面对你的过去，无所畏惧地为你的将来做准备，最关键的是把握当下生活的每一天。

3. 在某个阶段，每个人都是孤独症患者

正如航海家南森所说："人生的第一件大事是发现自己，因此人们需要不时孤独和沉思。"孤独都能带给我们成长的机会，激发我们更多的潜能。每个人都在孤独中经历蜕变，这个过程中，我们只能自己咬着牙度过，熬过了便能化茧成蝶。

芳芳说发现自己有点孤僻了，不想出门，就爱在家宅着，泡在网络世界里，问她为什么，她说大概是因为自己太穷，所以不想出去见人。

芳芳说其实很迷茫，工作中经常碰壁，有时候非常难过，甚至想一张辞职信丢给老板转身就走。但是就这么一走了之，可能就要面临几个月断粮的风险，还得为找新的工作而担忧，还会让父母担心。内心还不自信，觉得自己其貌不扬，不敢追求心中所爱，可是又觉得孤独寂寞，没有人陪伴，真心虚度年华。

后来，神奇的事情发生，芳芳居然网恋了，而且还成功了，结婚生子了，看着 QQ 空间她晒出来的那些幸福照片，谁会想到这个笑得那么开心的女孩子曾经一度不愿意见人。

阿辉也说不想见原来的朋友，害怕聚会，不想让别人自己过得那么凄惨。

阿辉是一个奋斗在横店的“路人甲”，奋斗了几年，看不到一点希望，白白蹉跎了美好的青春时光，心中难免郁郁寡欢，最害怕朋友问他，“工作怎么样，大明星！”“什么时候结婚啊？”

阿辉如今成了一个小有名气的男五号，虽然没有大红大紫，但是生活在蜿蜒前行，他说，最难熬的时候就闭着眼睛一路狂奔就好，不要多想，也不要把希望寄托在别人身上，人生来就得努力，你可以哭泣，但是不要忘了奔跑。

小兵说：“我在群里从不说话，不知道说什么，感觉自己很没自信。”

小兵因为生意失败，生活潦倒，老婆都跟别人跑了，留下自己和老母亲相依为命，他不明白，为什么只能共富贵不能共患难，心情极度低落，消沉到天天喝酒买醉，更别提跟人聊天谈心了。

如今，小兵走出阴影，开始了第二次创业，尽管还是没有找到另一半，但是还有慈祥的老母亲陪在身边，重新出发的小兵脸上挂满了笑容，他知道熬过那段不自信的时间，自己战胜困难的能力就更强了。

大概，每个人在某个阶段都是孤独症患者，沉浸在自己的悲观世界，不敢走出来跟外界交流，如果试着走出来，那些伤痛真的不算什么，家家有本难念的经，你不知道的是，别人不会因此嘲笑你，因为大家都有自己的困难和不如意。可能大家也不会同情你，因为不需要，因为这都不是事，是你自己夸大了你的悲伤，勇敢面对，你会发现这没什么大不了，生活依旧在一天天进行，那些所谓的苦难，过段时间就成了不值得一提的记忆了，也许你还会感谢那段孤独的日子，让你更加懂得幸福得来不易，应该好好珍惜当下的每一天，不做伤春悲秋之态，不念百年多病之殇。

塞涅卡说："没有谁比从未遇到过不幸的人更加不幸，因为他从未有机会检验自己的能力。"

有时候，有人陪伴、呵护固然好，但同时也助长了人的依赖感，让人在温室中丧失了磨炼自己并挖掘自己潜能的机会。偶尔的孤独，也没什么不好，当生活环境发生了某些变化，我们感觉猝不及防、应付不过来的时候，自然会调动自己的一切潜能去解决问题，应付困境。也就是在这一过程中，我们的能力得到了增长，也变得更加能适应外部环境，并且变得更加独立。

一个人的思想成熟需要孤独。当我们孤独时，孤独就像水中的沙子，清洗和沉淀着我们的思绪，使思想变得更清晰而深刻。而这孤独的独处使我们得以有空反思自身，获得对自我和世界的领悟，进而升华了自己的思想和境界。

正如航海家南森所说：“人生的第一件大事是发现自己，因此人们需要不时孤独和沉思。”孤独都能带给我们成长的机会，激发我们更多的潜能。每个人都在孤独中经历蜕变，这个过程中，我们只能自己咬着牙度过，熬过了便能化茧成蝶。

4. 为了梦想奋不顾身，你才有出人头地的机会

奥维德说：“忍耐和坚持虽是痛苦的事情，但却能渐渐地为你带来好处。”那段为了梦想奋不顾身的日子，因为有了努力和坚持才格外珍贵，也成就了一个更完美的自己。

她高中那年被影像的魅力所折服，于是高考后选择了家里人都不看好的导演专业。开学那天，爸爸问她：“你知道导演的工作有多辛苦吗?”她笑着说：“这没问题，等我捧俩小金人回来……”

进了学校她才意识到，自己的基础有多么薄弱，她想，自己大概是班里最笨的一个学生了。

大二时，她获得了一次拍短片的机会，当她倾注全部热情与心血把作品交给老师看的时候，看完片子的老师语重心长地说：“不是每个学

导演的人都适合做导演，做导演是需要一点天赋的。”

从小敢作敢为、雷厉风行的她第一次感觉到自卑，她深深地叹了一口气：一个人若在自己喜欢的事上没有天赋，算不算最深刻的绝望？

因为自卑，她想用努力来填补这段差距。她相信这些努力，会让她前进一点，哪怕只有一点点。她想，一生当中全心全意地努力拼搏过这大学四年，即便不能成功也不至于后悔。

就这么硬撑到大四毕业，她还是没有拍出让自己满意的作品。可是真的到了要放弃的时候，却怎么也不甘心。

父母劝她：“没事，趁年轻再学点别的，也好找工作。”

她给他们的回复是：“我要读研。”

其实，读研只是为了再坚持一下，虽然并不知道坚持的结果是什么，但还有三年的时间，总能让自己死了这条心吧。

她继续奋不顾身地投入自己喜欢的事业当中。

跟剧组，拍现场花絮，当别人知道她是导演系研究生时，说：“这姑娘看着不像能当导演的。”

拼命地写剧本、修改剧本，熬到后半夜，熬出黑眼圈和痘痘，可是看到的却是邮箱里被人退回来的稿件，她告诉自己：就算死心也要死得痛快，不是吗？

她说：“梦想有时候就像精神鸦片，一想到它，浑身都充满了不理智的力量。但有时梦想很有可能只是个白日梦。梦想和白日梦之间隔着什么呢？我想可能是天赋和运气吧……”

尽管看不到未来，她还是坚持着。

为了完成毕业短片，她艰难地拖着迈不开腿的患病之躯，坚持五天五夜，拍完了最后一个镜头。成片终于获得了一些人的赞许和肯定，她感觉获得了最大的鼓励。

毕业后，苦撑了半年终于争取到了一个机会。为了拍出满意的片子，她亲身体验影片情景，一遍一遍地修改剧本，每天脑子里只有一件事，就是把这个片拍好。

皇天不负有心人，片子播出后，获得了一些奖项，也因为这部片子，在毕业后第二年，突然有人来找她拍电视剧。

那一刻，她简直难以置信，还因为害怕辜负制片人的信任，推荐其他导演给制片人，制片人斩钉截铁地说，就是你。

后来，她成为一名职业导演。从别人不相信她能做导演，到别人开始叫她导演，她终于明白梦想和白日梦之间隔着的不是天赋和运气，而是努力和坚持。

达尔文说：“我之所以能在科学上成功，最重要的一点就是对科学的热爱，坚持长期探索。”

奥维德说：“忍耐和坚持虽是痛苦的事情，但却能渐渐地为你带来好处。”那段为了梦想奋不顾身的日子，因为有了努力和坚持才格外珍贵，也成就了一个更完美的自己。

5. 帮助你渡过心理难关的，只有你自己

三毛说："心之何如，有似万丈迷津，遥亘千里，其中并无舟子可以渡人，除了自渡，他人爱莫能助。"当你感到迷茫，遭受痛苦，别人再怎么感同身受，也爱莫能助，帮助你渡过心理难关的只有你自己。

姜军因为过于偏科，复读了5次，按照他自己的说法是走了两三个"一二一"，即一中、二中，一中、二中各复读了两三个回合。可是读完第5个复读，姜军还是没有考上，这时，母亲红着眼圈儿对儿子说："做父母的是再也没能力供你复读了，儿呀，你咋办呢？"

按大部分人的逻辑，姜军无疑是"没救了"。但姜军没气馁，他仍然不服输。他擦干眼泪，像个要饭的一样在一中校门口往来徘徊，一位后来成为他班主任的教师注意到了他，问明缘由，被他不折不挠的精神所感动，竟然力争免费让他入学，还给予他一定的生活费。这让姜军颇感意外，姜军感动得热泪盈眶，更坚定了不考上大学誓不罢休的决心。

最后，姜军以单科省第一的优异成绩被某知名大学法律系录取。从这之后，他一路势如破竹，读完本科读硕士，还考上了博士。现在，姜军被华南及其东南亚地区70多家大公司聘为法律顾问，成了远近闻名的律师。

姜军说，那时候，面对父母的绝望和乡亲们的冷嘲热讽，那种颜面

扫地的羞愧感特别强烈，如果不是自己的坚持和倔强，真的撑不到后来的成功，还好，自己一个人度过了所有的煎熬。

有些痛苦总得自己面对，有些伤痛注定只能自救。

那年中考失败，小璐天天躲在家里哭泣，疼爱她的爸爸百般鼓励她，让她不要那么在意一次考试的失败，他说人生路还很长，以后的人生路难免会有坎坷和困难，一定要学会坚强。

在爸爸的指导下，小璐读了一个职业院校，选择了自己热爱的美术绘画专业，小璐开始了新的学校生活。

屋漏偏逢连夜雨，爸爸在工地上不慎从高楼跌下摔死，惊闻噩耗，小璐天天以泪洗面，安葬完爸爸之后，她整个人都消沉了，不想读书，不想回学校，也不想跟人说话。妈妈坚定地告诉小璐："书是不能不念的，你那么喜欢美术，一定要学完，有了一技之长，以后也好生活，我也算对得起你爸爸。"

为了不让妈妈担心，小璐继续回到了学校。班主任劝慰小璐道："我记得你以前说你爸爸要你学会坚强，为了你爸爸的泉下有知，也为了不让你妈妈再度伤心，你一定要坚强起来，我记得你还说，你特别想上大学，你资质很好，很有潜力考上大学，好好学习，你一定可以的。"

就这样，小璐擦干眼泪，准备参加高考。她放弃了周末，放弃了逛街游玩，开始恶补高中课程，无数个清晨，她一个人早早地坐在教室里早读，无数个不眠之夜，陪伴她的就是一盏床头灯。

当小璐坚强地度过了这段最难熬的日子，大学录取通知书回报了小璐一路上的坚强与辛苦。她知道，爸爸也希望自己做一个坚强的孩子，能战胜所有困苦。

三毛说："心之何如，有似万丈迷津，遥亘千里，其中并无舟子可以渡人，除了自渡，他人爱莫能助。"当你感到迷茫，遭受痛苦，别人再怎么感同身受，也爱莫能助，帮助你渡过心理难关的只有你自己。

亲爱的朋友，如果你正遭受磨难，愿你能一个人坚强地渡过所有难关。

6. 点亮你心灵的灯，照耀你无所畏惧的人生

这世上有很多事情是你无能为力的，突发的自然灾害，一夜之间破产，突然得了重病，爱人的背叛，友情突然破裂，刚刚还在微笑突然就哭了。面对不幸，陷入绝望之际，越是畏惧，越会受到畏惧的折磨，唯有勇敢坚强，能帮助我们化险为夷，冲破黑暗和暴风雨。

17 岁的丽兹在 YouTube 看到一段名为"世界上最丑的女人"的视频，令她万分震惊的是，影片里的女人不是别人，正是自己。这是一段才 8 秒的视频，点击量已经超过 400 万次。

当丽兹意识到这是自己的时候，她开始胃痛。回想着网友们成千上万的评论，诸如"真不知道她的父母为什么要生下她?!""用火烧死她!""她应该自杀""要是我，我早就自杀了""如果我在路上看到她，我会吓死"……丽兹伤心欲绝，她才 17 岁，就要承受这样戳心窝的话，她默默地哭了好几天，还不敢跟别人诉说这样的苦痛，她以为她的人生

就这样结束了。

丽兹出生时，体重只有 1.2 公斤，医生告诉她的父母，有可能他们不得不照顾她的后半生，甚至也不确定她能活多久。丽兹的父母没有多想什么，也没有怨天尤人，只是安安静静地带女儿回家，帮助女儿展开应有的人生。

丽兹因为罹患了“马凡氏综合症”和“脂肪失养症”这两种罕见疾病，不管她吃多少喝多少，体重就是无法增加，当她上幼儿园起，她的同学一见到她就怕，从小到大，她天天遭受别人异样的眼神，她甚至还经常被欺负。

当她步入青春期时，她只要一照镜子就开始否定自己的外貌，她讨厌自己的外貌，因为它让自己的生活充满痛苦。

但是父母积极、正面的态度影响了丽兹。当她在学校被欺负或是在路上被人盯着看的时候。父母告诉她：“笑着去上学吧，无论他们怎样对待你，微笑是最好的态度。”

现在丽兹慢慢长大成人，可是苦难并没有远离她，她身高约 157 厘米，体重只有 27 公斤，右眼完全失明，左眼的视力也不好，还因为眼睛、耳朵、骨质密度、免疫系统、食道等健康问题而频繁进出医院。

受到父母积极、正面的态度影响，丽兹开始原谅那个 10 年前在 YouTube 上传她视频的人，她还用博大的胸怀原谅了所有那些恶意评价她的人，她想或许大家都有自己不如意的事情。她甚至决定为这个世界做点事情，来改变一些糟糕的现状。

她开始建立自己的 YouTube 频道，让人们知道“世界最丑的女人”真正的人生，现在，她的 YouTube 频道订户超过 31 万。她还要告诉人们对自己的外貌要有自信，她以自己的亲身经历，在TED和其他演讲中激励别人，她甚至完成了80分钟的纪录片《勇敢的心》以此来宣扬反霸凌。该片的导演莎拉荷西波尔多说，这不只是丽兹的故事，这是一个普遍的故事，一个世界上许多被霸凌的人共同的经历，并告诉人们："我不会成为一个受害者，我要去做点改变。"

丽兹勇敢地战胜了自己的怯弱和自卑，她用自己的行动为每一个受霸凌的人呐喊，她知道即使遭遇厄运和困境，也要具有一颗勇敢的心，去战胜一切困难，让自己勇敢的燃烧，爆发自己的能量。

这世上有很多事情是你无能为力的，突发的自然灾害，一夜之间破产，突然得了重病，爱人的背叛，友情突然破裂，刚刚还在微笑突然就哭了。面对不幸，陷入绝望之际，越是畏惧，越会受到畏惧的折磨，唯有勇敢坚强，能帮助我们化险为夷，冲破黑暗和暴风雨。

如果你把痛苦当作是最大的不幸，那么你将无法勇敢；如果你把享受当作最大的幸福，那么你将无法创造；如果你把名利当作最大的快乐，那么你将无法满足。

歌德说："勇敢里面有天才、力量和魔法。"勇敢是处于逆境时的光芒，点亮你的勇气，照耀你无所畏惧的人生。

第十四章

尽管去行动，岁月最终会给你温柔的拥抱

永远相信自己，相信自己的能力，一切目标都可以实现，只要你想，只要你做。如果有些事你知道需要做却又提不起劲，尽管去做，不要怕犯错。在追求梦想的路上，我们需要坚强，需要自信，更需要行动，朝着既定目标尽管去行动，岁月最终会给你温柔的拥抱。

1. 在最该奋斗的年纪里，感谢一直未曾放弃的自己

尽管没有天赋异禀，不是生在王侯将相之家，没有关系、没有背景，但是你一直没有放弃努力，感谢那个一直未曾放弃的自己，她让你越来越坚强，越来越勇敢，越来越温柔，越来越温暖，越来越完美。

高中时，你在班上的成绩并不出类拔萃，爸爸来到学校看望你，急忙从兜里掏出刚领来的工资给你做生活费，你看着父亲的白发，含着眼泪收下了这带着血汗的钱。从此，你每天早早地起来，在学校的一角晨读，走廊上昏黄的灯光下夜夜有你不知疲倦的身影，你知道你背负了父母的期望，你必须通过知识改变命运，所以，你一点也不觉得苦累。三年后，你拿到了大学的录取通知书。

大学那年，你在小巷里走了无数个来回，眼泪如断了线的珍珠般滑落，最后你强忍着悲伤回到寝室，小白说至今还记得你那时的样子，你神情沮丧地站在门口，看了一眼我们，然后突然号啕大哭，口中念着："我失恋了。"

令我们惊讶的是，你第二天早早地起床，穿戴整齐，赶到教室去看书了。晚上你回到寝室，小白说："你好厉害啊，居然第二天就一副整

装待发的样子。”你笑笑说：“能怎么办，我不能没了男朋友，还继续丢了我的学业吧？”之后，你不再逃课，不是泡在教室里，就是泡在图书馆，你不仅拿下了各门课程的学分，你的毕业论文也很漂亮。

工作后，你说要闯北京，你就这样一个人坚强地在北京漂着，和大多数蚁族一样住着小小的房间，赶着公交和地铁，无数个周末和夜晚，陪伴你的是一杯热气腾腾的咖啡。为了攻克难题，找到要领，你翻山越岭，跋山涉水，用勤劳换取灵感；为了目标达成，力争出彩，你东奔西跑，卖力吆喝。妈妈告诉你别太拼了，注意身体的时候，你按了按熬红的眼圈，说你会保重身体，然后继续趴在电脑前写方案。几年后，你做到了总监的位置。

结婚后，为了树立弘扬新一代女性美德，你上得了厅堂，下得了厨房，搞得定婆婆，哄得住宝宝，装得了电脑系统，搞得定水电煤气，会开车，会赚钱，斗得过红颜知己，打得过土匪流氓。当老公彻夜未归的时候，你抱着电脑熬了一晚上，而第二天看到老公的时候，你却只是笑着说：“注意身体，别太累了。”

当大学室友夸你坚强洒脱的时候，他们不知道，你坐在教室里，一边含着泪一边看着书；当同事夸你专业干练的时候，他们不知道，你好几次累得透支差点晕倒；当老公夸你是个好媳妇的时候，他不知道，有种爱叫且行且珍惜。

一路走来，你渐渐明白，爱笑的人，运气总不会太差；你也慢慢懂得为理想而奔波的苦，是累并快乐着；你知道人性最大的弱点就是放弃，所以你一路坚持不懈；你对纯粹深信不疑，所以你与人为善，用包容宽阔的胸襟看待周围的事物；你也深深清楚，爱该爱的人，感恩每一个对你好的人，所以你变得越来越温暖；你更明白了，所有那些艰难的日子，一定不会让你白白煎熬。

尽管没有天赋异禀，不是生在王侯将相之家，没有关系、没有背景，但是你一直没有放弃努力，感谢那个一直未曾放弃的自己，她让你越来越坚强，越来越勇敢，越来越温柔，越来越温暖，越来越完美。

2. 你无法改变世界，但可以改变自己

生活里不必渴求别人的理解和认同，因为别人没有这项义务。你无法改变世界，但可以改变自己。静静地过自己的生活，心若不动，风又奈何；你若不伤，岁月无恙。

有一个小沙弥，容易心烦气躁，不停地抱怨这、抱怨那。

有一天他的师父派他去取一些盐回来。

当小沙弥把盐取回来后，师父让他把盐倒进水杯里喝下去，然后问他味道如何。

小沙弥吐了出来，说："很咸。"

师父笑着让小沙弥带着盐和自己一起去湖边。

来到湖边后，师父让小沙弥把盐撒进湖水里，然后对徒弟说："现在，你喝点湖水试试。"

小沙弥喝了口湖水。

师父问："还咸吗?"

小沙弥回答："不咸了。"

人生的苦痛如同这些盐，它的咸淡取决于盛它的容器，你愿做一杯水，还是一片湖水?

所以当你感到痛苦的时候，就把你的承受的容器放大些，不是一个水杯，而是一个湖。

海纳百川，有容乃大；壁立千仞，无欲则刚。大海因为有宽广的度量才容纳了成百上千的河流；高山因为没有钩心斗角的凡世杂欲才如此的挺拔。

作家残雪从一个普通裁缝出道，最后成为一个世界级的作家，她做过铣工、装配工、车工，当过赤脚医生、工人，开过裁缝店。因为自小喜欢文学，追求精神自由，身处逆境中的她一直在坚持创作。她说，自己是个生命力顽强的人——无论现实的困境，还是精神的困境，她总能突破重围。

就是这样一个愿意吃苦，更盼望自己在吃苦中看到长进，希望自己变得越来越强大的残雪，如今已在海内外出版三十几个作品集，在亚欧拉美形成了广泛的影响。

熊军从小患有小儿麻痹症，只能靠左脚蹦跳着行走，可是这并不影响他爱上了跑马拉松运动，他经常参加马拉松，这让他活得充实又快乐。熊军还是一名志愿者，他会经常去学校分享他的跑步经历，还会去给残疾人朋友做心理疏导和职业建议，还用自己的实际行动给有需要的患病者做公益讲演。

平常的时间，熊军在家附近卖早点。因为动作比别人慢，他每天凌晨两三点钟起来做早点，六点多才能把稀饭、面包、豌豆粉做好。他的早点卖得特别好，他说，靠自己能力赚钱感觉很快乐。

有一个女孩因为佩服熊军的意志力和乐观精神，最后做了熊军的女朋友。

这让我想起了现在很多年轻小伙子总是爱抱怨女孩太现实，以为找不到女朋友是因为自己不够有钱，他们不知道，其实没有一个女孩会因为钱而离开你，她们只在乎你是否坚强勇敢、积极向上。

还有这样一个故事。说有个寺庙因藏有一串佛祖戴过的念珠而闻名。念珠的供奉之地只有庙里的老住持和7个弟子知道。7个弟子都很有悟性，老住持觉得将来把衣钵传给他们中的任何一个，都可以光大佛法。

不想那串念珠突然不见了。

老住持问7个弟子："你们谁拿了念珠，只要放回原处，我不追究，佛祖也不会怪罪。"弟子们都摇头。

7天过去了，念珠依然不知去向。老住持又说："只要承认了，念珠就归谁。"但又过去了7天，还是没人承认。

老住持很失望："明天你们就下山吧。拿了念珠的人，如果想留下就留下。"第二天，6个弟子收拾好东西，长长地舒了口气，干干净净地走了。只有一个弟子留下来。

老住持问留下的弟子："念珠呢?"弟子说："我没拿。"

"那为何要背个偷窃之名?"

弟子说："这几天我们几个相互猜疑，有人站出来，其他人才能得到解脱。再说，念珠不见了，佛还在呀。"

老住持笑了，从怀里取出那串念珠戴在这名弟子手上。

不是所有的事情都需要说清楚。然而比说清楚更重要的是：能承担；能行动；能化解；能扭转；能改变；能想自己，更能想别人。

生活里不必渴求别人的理解和认同，因为别人没有这项义务。你无法改变世界，但可以改变自己。静静地过自己的生活，心若不动，风又奈何；你若不伤，岁月无恙。

3. 你怀有梦想，那就永远不会太迟

我们这些年轻人是没有资格说“来不及认真年轻”，如果骨子里已经认定来不及，已经放弃希望，那才是真的来不及。

尽管现在我心态平和、内心充实，但是我还是会时常觉得有些遗憾，遗憾我来不及认真地年轻，来不及认真地过好曾经的每一天。

三两个朋友聚会聊天，回首往事，都在感叹当初懵懵懂懂的年轻时代以及我们的年少无知，我时常在想，我们是天生悟性不高，还是缺乏高人指路，总之，如果我们认真对待自己的年轻岁月，我们或许不是现在这样。

无论怎样，我坚信，我，是一切的根源，所以，这一切都是我自己造成的，轰轰烈烈也罢，颓废也罢，错过也罢，遇见也罢，阳光灿烂也罢，凄风苦雨也罢，那都是每个人独一无二的年轻时代，所以，没必要抱有遗憾，重要的是，你成长了，领悟了，你现在能认真地过好每一

天，那就够了。

朋友天赋异禀，小学初中从来都是班上第一名，他甚至不用听课就能考出好成绩。良好的天赋不知不觉中助长了他骄傲自大的心理。俗话说，谦虚使人进步，骄傲使人落后。尽管上着市里最好的中学，他还是在高考中名落孙山了。他太骄傲了，也不愿意面对自己的失败，他没有选择复读，他想："天生我材必有用，难道非得考上大学才能干出一番事业吗？"

后来，他继续浑浑噩噩地读完了大专，然后一次又一次地跳槽，天天感叹自己无房无车无存款。朋友的朋友说："你啊，真是可惜了，你说你当年那天分多好啊！"

再后来，朋友在朋友圈里说："我来不及认真地年轻，待明白过来时，只能选择认真地老去。"我回答，如果已经意识到过去的是无法改变的事实，而能及时认真地对待当下和未来的每一天，那就足够了，亡羊补牢，未为晚也。

孔子说，三十而立，所以一切都还来得及；任正非不惑之年始见春，后来的华为科技王国震惊世界；曹操在天命之年还有"老骥伏枥，志在千里，烈士暮年，壮心不已"的壮志豪情；萧伯纳说"六十岁才是真正的人生"；企业家褚时健七十四岁在哀牢山种下2400亩6年后才能挂果的橙子树苗。

所以，我们这些年轻人是没有资格说"来不及认真年轻"，如果骨子里已经认定来不及，已经放弃希望，那才是真的来不及。如今回过头来想想，倒是更深刻理解"无病呻吟"和"少年不识愁滋味，为赋新词强说愁"的寓意。

4. 如果你足够坚强，你就是史无前例的

面对挫折能够不怨不怒，保持一种淡然平和的心境，是智者的表现。生气是拿别人的错误惩罚自己，也是弱者的表现。无论发生什么事情，尽量与人为善，因为你不知道别人或许也有自己的苦衷和不得已。

有两个从小青梅竹马的人恋爱了，男的叫书豪，女的叫小雯，他们是一对让人羡慕的情侣，他们共同在一个小山村里长大，在成长的道路上他们互相帮助，一路走来，在他们早已视对方为今生的最爱。

他们共同考上了同一所大学，军训那天，小雯晕倒了，送到医务室，高烧一直不退，旁边的书豪一直细心照顾，眼看小雯的病情几天不见好转，书豪决定带小雯去大医院看看。检查结果让他们都震惊了，小雯得了白血病。

对于刚上大学的他们这简直是晴天霹雳，小雯决定辍学，书豪也坚决地和她一起退学了，他们没有回家，而是在这个陌生的城市中安定了下来，小雯知道自己得的是不治之症，就拒绝了治疗，他们开始专心享受着他们的二人世界。

他们办了一场简单的婚礼，在亲朋好友的鼓励下，小雯变得很坚强，她想，余生的时间已然不多了，她一定要开心地过好每一天，不辜负来世上走的这一遭，也不辜负家人的哺养，和亲朋好友的爱惜。而书

豪对小雯也更加体贴用心了，他一有空就带着小雯观山看海，或去林间散步，他知道每一天都很珍贵，开心快乐地过好每一天才是人生的意义。

这个故事感动了很多人，也触动了很多人的心灵，很多时候，我们无法预知生活会给我们带来什么惊喜或者磨难，但是我们可以选择我们面对生活的方式，让我们坚强地过好每一天。

人生在世，不可能事事顺心，万事遂意，没有经历过失败的人生不是完整的人生。巴尔扎克说：“挫折和不幸，是天才的晋身之阶，信徒的洗礼之水，是能人的无价之宝，弱者的无底深渊。”

面对挫折能够不怨不怒，保持一种淡然平和的心境，是智者的表现。生气是拿别人的错误惩罚自己，也是弱者的表现。无论发生什么事情，尽量与人为善，因为你不知道别人或许也有自己的苦衷和不得已。

我们想要坚强地过好每一天，就需要升华精神，修炼道德，积蓄能量。强大、富有的精神让我们无惧挑战，厚德载物，良好的品质让我们无惧挫折，心中的正能量让我们无惧失败，我们把挑战看作机会，把挫折看作修炼，把失败看作成功的基石。

众所周知，张海迪身残志坚，在残酷的命运挑战面前，张海迪没有沮丧和沉沦，她以顽强的毅力和恒心与疾病做斗争，经受了严峻的考验，她对人生充满了信心。她虽然没有机会走进校门，却发奋学习，学完了小学、中学全部课程，自学了大学英语、日语、德语和世界语，并攻读了大学和硕士研究生的课程。后来，她开始从事文学创作，先后翻译了《海边诊所》《小米勒旅行记》和《丽贝卡在新学校》，创作了《向天空敞开的窗口》《生命的追问》《轮椅上的梦》等一百多万字的作品。

贝多芬最杰出的一部作品《命运交响曲》，反映了人类和命运搏斗，最终战胜命运的崇高精神，也是他自己人生的写照。

贝多芬的童年是在泪水浸泡中长大的。家庭贫困，父母失和，造成贝多芬性格上严肃、孤僻、倔强和独立，在他心中蕴藏着强烈而深沉的感情。他从 12 岁开始作曲，14 岁参加乐团演出，领取工资补贴家用。到了 17 岁，母亲病逝，家中只剩下两个弟弟、一个妹妹和已经堕落的父亲。不久，贝多芬得了伤寒和天花，几乎丧命。贝多芬简直成了苦难的象征，他的不幸是一个人难以承受的。

尽管如此，童年的悲惨并不影响贝多芬对音乐的酷爱，他依旧坚强，心怀美好，在他的作品中，有他生活的影子，既充满高尚的思想，又流露对人间美好事物的追求、向往，还有对美丽的大自然抒发不尽的情怀。

上天为了锻造出一个更好的贝多芬，让他在 28 岁那年经历最大的不幸。先是耳朵日夜作响，继而听力日益衰弱。直到他去野外散步，再也听不见农夫的笛声。从此，他孤独地过着聋人的生活，而唯一能给他安慰的只有音乐。

他作曲时，常把一根细木棍咬在嘴里，借以感受钢琴的振动，他用自己无法听到的声音，倾诉着自己对大自然的挚爱，对真理的追求，对未来的憧憬。他著名的《命运交响曲》就是在完全失去听觉的状态中创作出来的。

一个雷雨交加的夜晚，音乐巨人与世长辞。他的一生是悲惨的一生，世界不曾给他欢乐，他却为人类创造了欢乐，尽管身体羸弱多病，但他是真正的强者。

假如生活欺骗了你，不要忧郁，也不要愤慨。不顺心的时候暂且容忍：相信吧！快乐的日子就会到来。

当生命给你一百个理由去哭，你要展示一千个理由去微笑，如果你足够坚强，你就是史无前例的。

5. 世界上最快乐的事，就是为自己的理想而奋斗

一定要有自己的理想，理想是人生的太阳，一个人的理想越崇高，生活越纯洁，他就越懂得控制自己的欲望，明白淡泊明志，明白良田万顷日食三餐，广厦千间夜眠八尺的道理。正如苏格拉底所言："世界上最快乐的事，莫过于为理想而奋斗。"而这也是最重要的事。

我从前一直在想，人最重要的能力是什么？

有人说是坚持，我想坚持的能力，更多的是关于成功的能力，坚持能成功，可是成功却未必能带来幸福。

不知道从什么时候开始，我们爱慕虚荣，喜欢攀比，喜欢超越别人，对金钱极度渴望，特别喜欢用所谓的成功和财富来建立快乐，好像没有这些，人生就是失败的，好像人生来就是为了追求这些物质财富的，人生的理想也被这些所谓的成功和财富所代替了。

很多人慢慢地活成自己讨厌的样子，小时候讨厌爸妈说"别人家的

孩子”，现在自己成了那个天天满脸焦虑期望孩子赶超“别人家的孩子”的人；讨厌别人唯利是图，自己却为了争取一个大项目暗暗较劲；讨厌没完没了的竞争，却不自觉跟同事、同行比业绩、比市场占有率，把自己搞得疲惫不堪。我们把原本可以快乐地投入其中的事情，硬生生被焦虑所代替，以致活得那么紧张、那么疲惫。

因此，我想，人最重要的能力是坚守，坚守自己最初的那颗平静、友爱的淡泊之心，有人说这叫作“不忘初心”。

那么，如何培养这种能力呢？

一定要有自己的理想，理想是人生的太阳，一个人的理想越崇高，生活越纯洁，他就越懂得控制自己的欲望，明白淡泊明志，明白良田万顷日食三餐，广厦千间夜眠八尺的道理。正如苏格拉底所言：“世界上最快乐的事，莫过于为理想而奋斗。”而这也是最重要的事。如果你为理想而活，你的每一天过得都是开心充实的，如果你为金钱而活，你的每一天过得都是紧张疲惫，为什么不让自己开心地过好每一天呢？

很多时候理想和金钱并不矛盾，但是你一定要选择理想，因为理想不是苦大仇深，理想也可以为你带来富足的生活。

最重要的是学会认识自己，德国戏剧家莱辛说：“我们的骄傲多半是基于我们的无知！”无论在什么时候，永远不要以为自己已经知道了一切，认识自己最可贵。这世上，总有你攀登不了的高峰，总有你到不了的地方，既然领略不了壮阔极致的冰川雪峰，那就感受静谧唯美的森林和草原。老子说：“知人者智，自知者明。”了解他人是一种智慧，若能认清自己更是一种高明，让我们做一个高明的人，一个高明的人才知道自己能做什么，不能做什么，不好高骛远，不任性而为，这样的人也是能够守住初心的人。

坚持善良，守住初心，无论晴天还是栉风沐雨，无论是暗礁险滩还是一帆风顺，坚持善良，守住初心。能激情燃烧，那就奋斗到无悔这一生；能平淡如水，那就安安静静地做一个通情达理、热爱生活的纯粹之人。总之，不盲从，不懈怠，以身作则，坚持善良，问心无愧，守住自己的初心，做好自己，平平淡淡也是一种福。

6. 岁月会告诉你，做最优秀的自己比什么都重要

岁月让我深刻理解了责任的意义，我愿意付出，不再斤斤计较，我知道承担和被需要也是一种美德。无论未来如何，我会一如既往地热爱它，并且更加珍惜属于我的每一分、每一秒，感恩生命中出现过的人和事，感谢岁月！

时光易逝，岁月不饶人，如今，我已过而立之年，虽然我的小蛮腰一去不复返，脸上的细纹也渐渐浮现，或许还有一丝沧桑，但是，我还是想给岁月写一封感谢信。

如今的我，有了一定的阅历，明白了生活的本质，知道了人生的意义所在，我变得从容淡定、沉着平静，我喜欢这样的状态。

走过纯真烂漫的童年，经过热烈懵懂的青春年少，趟过奋斗不息的年轻时期，岁月不断锤炼着我认识自我和识辨外物的能力，我变得通透

了，反而拥有了返璞归真的智慧。

从前我只是一块璞玉，岁月雕琢了我，让我变成了一块我自己都喜爱的美玉。

从前我总觉得自己不够好、不够完美，还好，我看到了自己的不足，于是我一路跌跌撞撞地前行，不断地提升自己，汲取生活的养分和智慧，我感恩身边那些帮助过我的人，也感谢岁月带给我的所有考验，虽然我也曾迷茫过、挣扎过，甚至痛恨过，但是我都坚持过来了，我知道，我是一切的根源，所以我变得随遇而安了，遇事也不再急躁慌张了，我知道一切都是最好的安排。

现在，我更加爱自己了，因为没必要纠结，也不再纠结了，做好自己比什么都重要。

我知道人的一生大部分的时间都在工作，所以一定要跟随自己的内心，因此，我从事着我热爱的工作，虽然赚钱不多，但是经济独立就可以。我不再做一些遥不可及的梦，我懂得脚踏实地才是生活本真的样子。

我经历了痛彻心扉，经历了生死，他们说这才叫人生，而我一夜长大，明白了三毛说的："心之何如，有似万丈迷津，遥亘千里，其中并无舟子可以渡人，除了自渡，他人爱莫能助。"也明白了："再好的东西，都有失去的一天；再深的记忆，也有淡忘的一天；再爱的人，也有远走的一天；再美的梦，也有苏醒的一天；该放弃的绝不挽留，该珍惜的绝不放手。"

我珍惜亲情、友情、爱情，它们滋养了我的人生。如果没有这些情感，我想任何人生都是没有意义的。但我也曾疏忽过我的亲情、友情和爱情，现在我感谢岁月提醒了我，我会对他们说一声对不起，但我心依旧，永远爱你们，珍惜你们！

岁月让我深刻理解了责任的意义，我愿意付出，不再斤斤计较，我知道承担和被需要也是一种美德。无论未来如何，我会一如既往地热爱它，并且更加珍惜属于我的每一分、每一秒，感恩生命中出现过的人和事，感谢岁月！

第十五章

努力地过好每一天，你的梦想终将会实现

人生的路要靠自己行走，成功要靠自己去争取。别人想什么，我们控制不了；别人做什么，我们也强求不了。人可以活得很卑微，但也可以活得很出色。不要总想着别人肯定比我好、我不行的观念，只要自己认真努力，一步一个脚印地走，总会成功的。你唯一可以做的，是尽心尽力做好自己的事，走自己的路，按自己的原则，好好生活，快乐地过好每一天。这样，你的梦想终将会实现。

1. 跟随自己的内心走，你不需要太多的理由

给自己找理由的人，大概不知道，其实在不知不觉中放纵了自己，时间长了，人就懒散了，而懒散只会让自己越来越远离心中的梦想。别让世俗的枷锁困住了你的观念，别让物欲的尘埃遮住了你的双眼，跟随自己的内心，说走就走，从来不需要太多理由。

何生有一居士朋友，相谈甚欢，视为知己。

而何生素来有心向佛，生平的愿望是盖一座寺庙，然后自己可以随时去庙里斋戒瞻仰，清静身心，同和尚说禅论道，畅谈人生因果轮回。

于是，数年之后，何生拿出平生积蓄，在村里的后山盖了一座寺庙。村中好友不解地问："为什么非得自己盖一个寺庙，心中有佛就行了啊，还浪费这钱干嘛?"

何生微笑着说："真心向佛，不需要太多理由，想做就做了，何况好处很多，也算是为广大村民造一座心灵憩息之所，为什么要犹豫?"

如果真心想做一件事情，是没有任何困难可以阻止自己的决心的，想做就做，不需要太多的理由。就像真正爱一个人，说不出理由，说不出好坏，但就是真的很爱。

不需要太多理由的人，活得洒脱真实，反而能够触摸幸福。

安安兴奋地给我打来电话，说自己正在离天堂最近的地方，她一路行走，该工作的时候努力工作，想出去走走的时候就出去走走，反而工作做得很好，生活也活得很洒脱。我很是羡慕，同时也有些惭愧，因为我们曾经约好一起去看那雪域高原，一起去触摸那最美的天空，可是我却一直有一堆理由，让自己踟蹰不前，然后又在这里后悔遗憾，感叹不已，而安安早已经背着背包走遍了祖国的大好河山。

很多时候，我们总喜欢给自己找理由，没有时间，没有金钱，工作抽不开身，条件不允许，套用鲁迅先生的话说应该是：“只要愿意挤，总还是有的。”

尤其是在你二十几岁的青春年华，千万别人未老心已老，丢了年轻气盛的魄力，畏首畏尾，瞻前顾后，昂首挺胸地踏出第一步，再踌躇满志地走完后面的每一步，慷慨激昂、一腔热血才是二十几岁的你，才是你应该有的青春状态。

“90后”高才生张不等真名不叫张不等，浙大毕业后，为了砥砺自己不要等候、说干就干的决心，他把自己所有网络社交的名字改成了“张不等”，他说，创业不能隔岸观火，必须把自己放在那个案板上，才能得到最深刻的领悟。然后，他真的开始了自己的创业之路，创立了“阳澄不等”大闸蟹品牌，间隙之余，他又投身了道易大米事业，他说，这是一个时不待我的年代，我们要忠于自己的信仰，不要等待，因为做想做的，不需要太多理由。

给自己找理由的人，大概不知道，其实在不知不觉中放纵了自己，时间长了，人就懒散了，而懒散只会让自己越来越远离心中的梦想。别让世俗的枷锁困住了你的观念，别让物欲的尘埃遮住了你的双眼，跟随自己的内心，说走就走，从来不需要太多理由。

2. 努力地过好每一天，你的梦想终将会实现

远方种着向日葵，漫山遍野，一望无际，它向着阳光，迎风绽放，等着我们的到来，只要我们不改初心，不丧失对生活的信心，热爱生活，追求理想，努力地过好每一天，我们就能抵达那个温暖的地方。

他 18 岁时犯罪入狱，因参与绑架被判刑 10 年。入狱的第二年，一次偶然的机会，管教干警告诉他可以报名参加监狱的管乐培训。当时有近 30 名服刑人员报名培训，仅有 2 人获得了资格，而他是其中之一。经过刻苦的学习，他用了 3 年时间，从一名对音乐一窍不通的普通学员，成为监狱管乐队的长笛首席，2015 年，他参加了中国音乐学院考级委员会举办的等级考试，一举通过了长笛十级考试。

如今，他已是一个原创歌手。因为表现良好，他累计获得 3 次减刑，出狱前夕，监狱为他举行“原创音乐分享会”，用他的励志经历激励其他服刑人员好好改造。而他用歌曲吐露心声，感叹：“到如今才知道，平淡的日子多么好。”

远方种着向日葵，漫山遍野，一望无际，它向着阳光，迎风绽放，等着我们的到来，只要我们不改初心，不丧失对生活的信心，热爱生

活，追求理想，努力地过好每一天，我们就能抵达那个温暖的地方。

远方的向日葵，是一种向往，也是一种精神，它等待着我们的到来。

恐怖小说大师史蒂芬·金成名以前是一位熨衣工人，薪水微薄，他住在拖车房屋中。

史蒂芬梦想当一名作家，所以他利用夜间和周末的时间笔耕不辍。他的余钱全部用来支付邮费，可是他寄去的原稿被出版商和经纪人悉数退回，有的退稿信非常简短，公式化的回复让他怀疑他们究竟有没有看过他的作品。

有一天，史蒂芬读到了一部跟自己某部作品类似的小说，这让他感觉看到了一丝希望，于是他把自己的这部作品原稿寄给了那部小说的出版商，最后交到了皮尔·汤姆森手里。

几个星期后，史蒂芬收到汤姆森热诚亲切的回信，说原稿还有很多不成熟的地方，但是他相信史蒂芬有希望成为一名作家，并鼓励他继续创作。之后，史蒂芬继续不停地写，一年半之后，他再给编辑寄去两份原稿，可惜还是被退还了。

史蒂芬没有放弃，他开始尝试写第四部小说，可是生活却陷入了捉襟见肘的困境，于是，史蒂芬动摇了，他把原稿扔进了垃圾桶。

第二天，史蒂芬的妻子捡起原稿对史蒂芬说："你不能中途放弃，你知道吗？你马上就要成功了。"

史蒂芬看着那些稿纸发愣，他怀疑自己，但他妻子和素未谋面的编辑却相信他会成功。

为了妻子和汤姆森对自己的信任，史蒂芬决定再试试。写完小说之后，他把第四部原稿寄给了汤姆森，他以为这次又会失败。

可是他错了，他成功了，汤姆森的出版公司预付了2500美元的稿酬给他，就这样，史蒂芬·金的经典恐怖小说《魔女嘉莉》诞生了，这部小说销量达500万册，并摄制成电影，并且成为70年代经典的恐怖片。

远方的向日葵，美好温暖，可是想要抵达远方，需要我们迈好每一个前行的脚步，唯有如此，我们才能不断地接近心中的远方。不积跬步，无以至千里，一步步前行，不是懈怠，是积累，更是沉淀。

梦想因伟大而可贵，珍贵的东西却总是得来不易，远方的向日葵需要我们在历经坎坷、看透成败、依然前行之后才能够看得到。

3. 在奋斗的路上，你无疑是最完美的

在我们的生活中最让人钦佩的人是那些一心一意朝着一个目标而努力奋斗的人，哪怕那只是一个微小的目标，而奋斗的精神是最难能可贵的，因为只有完成无数微小的目标才能累积起一个伟大的目标。万里长城是由一块块石头累积而成的，每一块单个的石头看上去都很普通，而由他们砌成的万里长城却是宏伟而壮观的。

陈东是一个普通的男生，普通家庭出身、其貌不扬的外表、三流的文凭，但是他的内心却不普通，他一直有一颗积极向上、拼搏不息的进取之心。他清楚地知道，既然做不了天赋异禀的雄鹰，那就做一只不停

向上爬行的蜗牛。他爱笑，喜欢出去跑，喜欢跟人打交道，毕业后，他去了一家热水宝公司做了一名销售员。每天，陈东都是第一个来到公司的员工，他积极地熟悉产品、学习销售技巧、打电话、拜访客户，他是公司最勤快的销售员。不仅如此，他还善于总结，提出创新的销售技巧，甚至反复研究客户的反馈意见，帮助技术部门研发更新产品。走在不断前行的路上，陈东积极进取的态度获得了领导和同事们的一致认可，在年终表彰大会上，他说："每一个普通的工作岗位都可以创造不普通的成就，每天多用心一些，就能多进步一点，年轻就要拼搏，在奋斗的路上，每一个积极投身工作岗位的人都是最美的。"几年后，陈东不断升职加薪，甚至当上了这家公司的总经理。陈东的老板说："陈东是我看着成长起来的，他做事用心，勤劳善良又肯拼搏，这样的人，是我们公司总经理的最佳人选。"

蜗牛没有展翅高飞的本领，但是它有卓绝的用心和坚持的毅力，在奋斗的路上，它只一心一意为最纯的梦想抛洒拼搏的汗水，终有一天，它也能够爬到那高塔的顶端，看见那晴朗明艳的天空。

在我们的生活中最让人钦佩的人是那些一心一意朝着一个目标而努力奋斗的人，哪怕那只是一个微小的目标，而奋斗的精神是最难能可贵的，因为只有完成无数微小的目标才能累积起一个伟大的目标。万里长城是由一块块石头累积而成的，每一块单个的石头看上去都很普通，而由他们砌成的万里长城却是宏伟而壮观的。

小冉大一那年，爸爸在一场事故中失去了一只胳膊，小冉懂事，心想一定要自强自立撑起这个家，于是她在课余到处跑兼职赚生活费。即使是做兼职促销员，小冉也会全力以赴，她每次都积极主动地招呼客户、介绍产品，尽管业绩一般，但是她的积极和热忱打动了公司的全职员工，他特意跟中介公司表扬了小冉的兢兢业业。中介公司看小冉勤劳努力，告诉她说：“小冉，你长得那么漂亮，身材又好，试试兼职当淘宝模特吧!”从这之后，小冉走上了职业模特的道路，收入也越来越高了。小冉说：“如果不是自己当初的勤劳敬业，那位同事是不会帮我说好话的，我也就不可能得到中介公司专门的推荐去做模特了。”

人生如同坐火车，所有的经历都会渐行渐远，最美的不是窗外的风景，而是始终前行的自己。茅盾说：“必须在奋斗中求生存，求发展。”努力才能改变人生，努力才能创造奇迹。努力拼搏的你仿佛被注入了一种魔力，你闪闪发光，让人们都能看到你的存在，然后注视你，给你能量，努力的你会一直闪亮，闪亮在光辉的人生之路上，在这条奋斗的路上，你无疑是最美的。

4. 热爱才会全力以赴，你要用心热爱生活

用心热爱生活就是这样简单，不是非得做出惊天动地的大事，而是在平凡的坚持中永葆初心，用真挚的善良和博爱，做出一切渺小而又伟大的壮举，就是这样的他们，反而创造了生命真正的意义，也改变了世界。

看《中国好声音》，被那些几十年如一日，坚持摇滚精神和梦想的

摇滚辣妈和流浪歌手感动了，他们饱含热情，眼眶湿润，高喊着“永远年轻，永远热泪盈眶”！那一刻，我也忍不住泪如泉涌。

在这个物欲横流的社会，我们都在为了名利奔波，好像再也不会坚持心中挚爱，为它激动，为它疯狂，为它热泪盈眶，我们的青春去哪儿了？我们的热情去哪儿了？我们疲惫却又迷茫，麻木而又无动于衷，难怪他们说，我们是缺乏信仰的一代人。

人生匆匆数十载，说长不长，说短不短，没有热情怎么活？

你还要继续在你不喜欢的工作岗位蹉跎时光吗？你还要躲在阴暗角落感叹时运不济吗？你还要带上虚伪的面具强颜欢笑吗？

让我们重拾那颗简单纯粹的热爱之心吧，对大自然热爱，对生命热爱，对生活热爱，忠于理想，忠于信念，忠于善良，忠于心中所爱，无论做什么，我们都全情投入，无论遭遇何种坎坷，我们都能高喊“永远年轻，永远热泪盈眶”。

热泪盈眶是躁动吗？不，它是艾青“因为我对这片土地爱得深沉”；也是左宗棠“身无半亩，心忧天下。读破万卷，神交古人”的志向远大；也是海子“面朝大海，春暖花开”的幸福向往。

热爱才会全力以赴，热爱才会不计回报，热爱让我们备感温暖。

有个叫Tommy的男人，和我们一样，每天吃完早饭后到公司开始上班，偶尔和同事抱怨工作，过着安稳平凡的生活。没有人会知道，有一天，他用了最普通的方式，开始改变了世界。

有一天，Tommy和往常一样骑着自行车去上班。路过河边时他向同事抱怨：“这儿的垃圾比鱼都多。”同事说：“别管那么多啦，不是你丢的就好。”

Tommy 愤怒了，他发现每个人都对此漠不关心，他再也忍不住了，于是做了一个决定：他要到河边清理这些垃圾，让这条河恢复清澈干净的样子。

他每天早起 30 分钟在河边上捡垃圾，捡满一袋后再去上班。尽管清走一袋垃圾对这个重度污染的河道起不了什么大作用，但是他决定坚持每天捡一袋。

Tommy 将每天的垃圾图片发到了 Facebook 上，几天之后，Tommy 的两位朋友加入了捡垃圾的行动中来。

Tommy 相信，虽然力量不大，但只要持续做下去，就会引起大家关注。

后来，越来越多人的加入到捡垃圾的行动中来，一个多月后，河岸附近的垃圾都消失了，还吸引了一群白冠鸡赶来筑巢。

而 Tommy 的事迹也在网络上传播开了，很快，就有 2000 个人开始响应。接着，全世界都在传播这个故事，很多人开始效仿 Tommy 的行动，每天早起 30 分钟，拿着垃圾袋去清理河岸的垃圾。

于是，荷兰、丹麦、英国、美国、玻利维亚、哥伦比亚、土耳其、中国，人们纷纷开始利用闲暇时间在河边、海边、树林里、草丛中清理垃圾。

2015 年的 5 月，全球已有 5000 人被感召，加入了每天花 30 分钟清理生活周边垃圾的行动，正是这些追求更美好的世界的人，一点一点地在改变这个世界。

用心热爱生活就是这样简单，不是非得做出惊天动地的大事，而是在平凡的坚持中永葆初心，用真挚的善良和博爱，做出一切渺小而又伟大的壮举，就是这样的他们，反而创造了生命真正的意义，也改变了世界。

宋大妈退休后在家做家务，可是，她总感觉缺点什么。后来，她跟外甥女学起了理发，她很用功，也爱钻研，不到20天的工夫，她就已经学会了理发并且还会烫发。之后，她就在自家办起了理发店。因为费用低，光顾小店的顾客非常多。

有一次，一个87岁的老人因为双目失明，行动不便，让儿子搀扶着走进宋大妈家的理发店理发，宋大妈看着他步履蹒跚的背影，决定每个月上门义务帮他理发。从此以后，宋大妈开始走出家门，专门为老弱病残者义务理发，分文不收，而这一理，就是21年，风雨无阻。

20多年来，宋大妈总共为老弱病残群众义务理发上万次，人数多达3000人。宋大妈说："党把我培养了这么多年，我应该为党为民做些力所能及的事情，反正别叫我闲着，帮助别人自己心里舒坦。"大妈还说："我不怕苦不怕累，哪里有需要我就去哪儿。"

宋大妈年过半百还能秉持着为人民服务的精神，对社会，她无私奉献着自己力所能及的力量，我们知道，她是因为心中的热爱和信仰，才能坚持20多年。

刘备说："勿以恶小而为之，勿以善小而不为。"心系百姓、胸怀天下的人都会懂得，小小的善举也是对社会有利、功在千秋的事情。

5. 你心怀感恩，幸福将俯拾皆是

人各有志，千万别跟有理想的人谈金钱，也千万不要跟只追求金钱的人谈理想，最重要的是，他们觉得幸福就好。

刘彦和梅子一起闲聊，刘彦说，她不想一辈子活得没有信仰，她有自己的梦想，并愿意为之坚持，她不想这辈子只一味地追求房子、车子和金钱，那样的人和普通动物没有分别。

梅子说："我从不谈论梦想，我好像没有梦想，我就喜欢金钱，这让我有安全感，这可比所谓的梦想来得实在，所以，我热衷理财，买房炒股，你去追求你的梦想吧，我还是过我自己梦想的生活。"

只追求金钱的人，是不懂居里夫人说的"人类需要梦想者，这种人醉心于一种事业的大公无私的发展，因而不能注意自身的物质利益"。

有理想的人不是不在乎钱，只是不会把金钱作为目标，他认为有精神理想的人生才是完满的人生。面对刘彦和梅子的对话，我只能说，人各有志，千万别跟有理想的人谈金钱，也千万不要跟只追求金钱的人谈理想，最重要的是，他们觉得幸福就好。

董彬彬和易欣是邻居，也是好朋友。董彬彬因为没考上大学，只能在家开出租车，董彬彬爸爸天天在董彬彬妈妈面前抱怨，说自己的儿子不争气，羡慕易欣爸爸有个好儿子，从小懂事，学习成绩好，是个高才生，还跑到国外留学了。

突然有一天，易欣爸爸肾结石犯了，在家叫苦不迭，而易欣妈妈又六神无主，只好敲门求助董彬彬。幸亏有董彬彬的帮忙，易欣爸爸才逃过一劫，易欣妈妈感激的泪花直流。董彬彬爸爸这才意识到，儿子在身边就是福，何必强求那些虚妄的名利，从此以后，他再也不会埋怨董彬彬了，因为他知道，幸福其实很简单，一家人平平安安、快快乐乐就好，所谓知足常乐，安贫乐道，就是这样吧。

赫赫和咪咪恋爱了，小两口儿工资不高，没什么积蓄，但是有爱就够了。随着婚后小孩的出生，压力也随之而来，衣食住行，茶米油盐酱醋茶成了摆在眼前的最现实的问题，还有生活习惯和价值观念的冲突，加上婆媳的矛盾，咪咪简直怀疑自己真是头猪，竟然就这样草草地将自己嫁了。

时光慢慢流逝，平静的日子还在继续，当赫赫毫无怨言地日复一日细心关怀，体贴照顾，甚至天天感叹自己很幸福的时候，咪咪无言了，为什么老公这么好，爱自己，爱孩子，有责任，有担当，又善良，又简单，而自己还要挑剔呢？生活虽然没有大富大贵，但也是日臻富足，说好的相濡以沫怎么能够忘记呢，所谓的幸福，不就是一个笨蛋遇到一个傻瓜吗，还有什么比找对人更值得庆幸的呢？

林语堂说："什么是幸福？一是睡在自家的床上，二是吃父母做的饭菜，三是听爱人给你说情话，四是跟孩子做游戏。"都说平平淡淡才是真，幸福已然在自己的手心上跳跃，为何不好抓住，好好珍惜呢？

幸福是一顿等你入席的晚餐，是阳台上晾晒的衣物，孩子欢快的嬉戏，老人安详地看着电视。正如英国作家捷罗特所说："幸福生长在我们家的炉边，不宜到人家的庭院摘取。”幸福不需要多大的房子，重要的是在这个房子里，有我爱的你和我们可爱的孩子，就这样融洽地生活在一起。

幸福就像身边的风景，最容易看见也最容易忽略。其实，有人惦念自己，就是幸福；有人关心自己，也是幸福；有人陪伴，更是一种幸福。心怀感恩，你就体会得到幸福。心越美好，人越幸福。

幸福，就这么简单，其实，每个人都是幸福的。